新基建核心技术与融合应用丛书

面向传感器网络的一致性卡尔曼滤波

李忘言　魏国亮　著

本书聚焦当今多源信息融合技术的研究热点，主要讨论基于传感器网络的一致性卡尔曼滤波器的设计与稳定性分析问题。本书分为两个部分内容：第一部分为第1～6章，主要讨论几类一致性卡尔曼滤波算法的稳定性分析，研究了基于传感器网络的可观性问题，先后提出了共同（完全）一致可观性、加权一致可观性及联合一致可观性等新颖的可观性（可检性）定义；第二部分为第7、8章，重点考虑了一致性卡尔曼滤波器的设计与应用，主要研究了在UKF框架下的一致性滤波器的设计问题。

本书可供多传感器信息融合、控制与信号处理领域的科研工作者，以及理工科高等院校相关专业高年级本科生、研究生及教师阅读与参考。

图书在版编目（CIP）数据

面向传感器网络的一致性卡尔曼滤波 / 李忘言，魏国亮著．—北京：机械工业出版社，2023.6

（新基建核心技术与融合应用丛书）

ISBN 978-7-111-73084-2

Ⅰ.①面…　Ⅱ.①李…②魏…　Ⅲ.①卡尔曼滤波－研究　Ⅳ.①O211.64

中国国家版本馆CIP数据核字（2023）第074192号

机械工业出版社（北京市百万庄大街22号　邮政编码100037）

策划编辑：王　欢　　　　责任编辑：王　欢

责任校对：樊钟英　贾立萍　　封面设计：王　旭

责任印制：张　博

北京建宏印刷有限公司印刷

2023年9月第1版第1次印刷

184mm×260mm·8.5印张·150千字

标准书号：ISBN 978-7-111-73084-2

定价：69.00元

电话服务

客服电话：010-88361066
　　　　　010-88379833
　　　　　010-68326294

网络服务

机工官网：www.cmpbook.com
机工官博：weibo.com/cmp1952
金书网：www.golden-book.com
机工教育服务网：www.cmpedu.com

前　言

随着传感器网络技术的飞速发展，近年来，基于此的一致性卡尔曼滤波算法的设计与稳定性分析也引起了众多学者的普遍关注。一致性卡尔曼滤波的研究关键在于多传感器融合、一致性滤波技术，以及传感器网络的可观性条件。近年来，关于传感器网络中一致性卡尔曼滤波问题的研究在理论和应用上均取得了较大发展，同时也自然地涌现出一系列令人感兴趣的研究问题，例如以下3个问题：

1)在什么条件下，所考虑的系统可以用来设计一致性卡尔曼滤波器?

2)如何设计合适的可靠的一致性卡尔曼滤波算法，来解决实际问题?

3)基于什么条件，所考虑的一致性卡尔曼滤波算法是稳定的?

针对上述问题，本书以时变系统和非线性系统为研究对象，首先从传感器网络的可观性条件入手，讨论了在多种传感器网络和系统环境下的一致性卡尔曼滤波算法的设计问题；接着系统地给出了一致性卡尔曼滤波算法的稳定性分析方法，证明了误差协方差和估计误差是有界的所需的条件，这对于拓宽传感器网络的分布式状态估计技术和策略的研究具有重要的现实意义。

近年来，本书作者一直从事分布式随机系统的控制与滤波的研究工作，在传感器网络、信息融合、卡尔曼滤波、分布式状态估计等方面取得了一系列研究成果，相关研究成果已在国内外相关领域的专业期刊上发表。本书是对作者近些年来研究成果的一个总结。本书可供控制与信号处理领域的科研工作者，以及理工科高等院校高年级本科生、研究生和相关专业教师阅读与参考。

本书得到了国家自然科学基金项目（项目编号为62103283、62273239）和上海市高校特聘副教授岗位计划及上海理工大学研究生教学建设项目的资助，在此表示衷心感谢。此外，本书还得到了国内外同仁的大力支持：由衷地感谢英国布鲁内尔大学（Brunel University）王子栋教授长期以来给予的大力支持和教导；感谢澳大利亚格里菲斯大学（Griffith University）杨富文教授给予的学术指导；感谢中国香港城市大学（City University of Hong Kong）Daniel W. C. HO 教授提供的学术建议，扩宽了本书的学术视野；此外，还要感谢上海理工大学复杂系统协同控制研究中心（C4S）丁德锐教授、宋燕教授与田恩刚教授等给予的大力支持与帮助。

由于作者水平有限，书中难免存在不妥之处，敬请广大读者朋友批评指正。

李忘言　魏国亮

2022 年 12 月 31 日

目　　录

符号表

$\mathbb{R}^n$	n 维欧氏空间
$\\|\cdot\\|$	向量的欧几里得范数或矩阵的诱导 2 范数
$\\|\cdot\\|_F$	$\mathbb{R}^n$ 空间的 Frobenius 范数
$\max\{\cdots\}$	对某集合取最大
$\min\{\cdots\}$	对某集合取最小
$\boldsymbol{M}^{\mathrm{T}}$	矩阵 $\boldsymbol{M}$ 的转置
$\boldsymbol{M}^{-1}$	矩阵 $\boldsymbol{M}$ 的逆
$\vert\boldsymbol{M}\vert$	矩阵 $\boldsymbol{M}$ 的行列式
$\mathrm{tr}\{\boldsymbol{M}\}$	矩阵 $\boldsymbol{M}$ 的迹
$\lambda_{\max}(\boldsymbol{M})$	矩阵 $\boldsymbol{M}$ 的最大特征值
$\boldsymbol{M}>0$	矩阵 $\boldsymbol{M}$ 是正定的
$\boldsymbol{M}\geqslant 0$	矩阵 $\boldsymbol{M}$ 是半正定的
$\boldsymbol{M}=[m^{i,j}]$	$m^{i,j}$ 是矩阵 $\boldsymbol{M}$ 的第 i 行第 j 列元素
$(\boldsymbol{M})^t$	矩阵 $\boldsymbol{M}$ 的 t 次幂
$\boldsymbol{I}_n$	维数 $n\times n$ 的单位矩阵
$\mathbf{1}$	全为 1 的列向量
$\mathcal{N}$	索引集 1，2，…，n
$\vert\mathcal{N}\vert$	集合 $\mathcal{N}$ 的势
$\mathrm{diag}\{\boldsymbol{M}^i\}_{i\in\mathcal{N}}$	以 $\boldsymbol{M}^1$，$\boldsymbol{M}^2$，…，$\boldsymbol{M}^n$ 为对角元素的对角块矩阵
$\mathrm{col}\{\boldsymbol{M}^i\}_{i\in\mathcal{N}}$	$[\boldsymbol{M}^{1^{\mathrm{T}}}, \boldsymbol{M}^{2^{\mathrm{T}}}, \cdots, \boldsymbol{M}^{n^{\mathrm{T}}}]^{\mathrm{T}}$
$\underbrace{\sum\cdots\sum\sum}_{m}$	表示 $\sum$ 的长度为 m
$\boldsymbol{A}\otimes\boldsymbol{B}$	矩阵 $\boldsymbol{A}$ 与 $\boldsymbol{B}$ 的张量积［即克罗内克（Kronecker）积］
s. t.	服从于
$\mathbb{E}\{x\}$	x 的期望值
$\mathbb{E}\{x\vert y\}$	在 y 的条件下 x 的期望值

常用术语缩写表

PRMSE	位置均方根误差
WAC	加权平均一致
CI	基于信息一致
CM	基于测量一致
CE	基于状态一致
HCICM	混合 CI 与 CM
UKF	无迹卡尔曼滤波
EKF	扩展卡尔曼滤波
DUKF	分布式无迹卡尔曼滤波
SDP	半定规划
LMI	线性矩阵不等式

第 1 章　绪论

近年来，随着高精度状态估计技术在军事与民用领域的大量应用需要，基于传感器网络的分布式估计问题已成为一个备受关注的研究热点和前沿领域。此外，作为一个高效的估计算法，卡尔曼滤波算法已成功地运用在各种应用领域中。因此，在基于传感器网络的卡尔曼滤波器设计及其稳定性分析方面，自然地涌现出一系列令人感兴趣的研究问题，例如下面这 3 个问题：

1) 在何种条件下，所考虑的系统可以用来设计一致性卡尔曼滤波器。

2) 如何设计新颖的一致性卡尔曼滤波算法来解决新出现的问题。

3) 基于何种条件，所考虑的一致性滤波器的误差协方差和估计误差是一致有界的。

总而言之，基于传感器网络的一致性卡尔曼滤波器设计及其稳定性分析是一项具有深刻的理论意义和应用价值的课题，同时也是一项极具挑战性的研究工作。

1.1　研究背景、研究动机及研究问题

基于传感器网络的一致性卡尔曼滤波器设计与稳定性分析的研究关键在于多传感器融合和一致性滤波技术。具体说来，多传感器融合也称为多传感器数据融合[1,2] 或多传感器信息融合[3]，最初是源于军事需求的一项新兴技术，如战场监视、自动目标识别、遥感、导航和自主车辆控制。近年来，多传感器融合技术已经广泛地应用于各种民用领域中，如复杂机械检测、医疗诊断和智能大厦、机器人技术、视频和图像处理和智能系统设计。

自 20 世纪 90 年代以来，我国开始重视这一研究领域的发展。目前，“复杂多源信息融合与智能信息处理”已被国家教育部 2004 年发布的《高等学校中长期科学和技术发展规划纲要》列入“重大科技研究的战略重点”中“信息科学技术领域”[4]。由此可见，多源信息融合技术将是未来世界科技强国研究的焦点，并对我国国防事业和国民经济水平产生深远影响。多传感器融合技术的实质是聚焦于对来自不同传感器的信息按照一定的最优融合准则进行综合处理，以获得对系统状态的最优融合估计，从而使融合后的估计精度高于单个传感器的估计精度，即合理利用局部估计信息对系统状态全局信息进行最优估计或重构[1,5]。

由于易于执行性及在均方误差意义下的最优性[2]，卡尔曼滤波算法[6] 已成功地用于多传感器融合中。因此，许多基于卡尔曼滤波的重要融合算法已被广泛报道和关注。值得注意的是，基于卡尔曼滤波的多传感器融合算法通常要求局部估计是独立的或先验知识是已知的，从而产生相容的结果[2]。然而，在许多实际情况下，它们的互协方差通常是未知的，这种现象称为未知互相关性[7] 或未知互协方差[8] 或不可获取的互相关性[9]。若不能恰当地处理这种性能，系统的整体稳定性能将大大降低。由此可见，如何融合带有未知互相关性的局部估计，将对理论和工程设计方面产生重要影响。

多源信息融合技术聚焦于对来自不同传感器的信息按照一定的最优融合准则进行综合处理，以获得对系统状态的最优融合估计，从而使融合后的估计精度高于单个传感器的估计精度[10]，即合理利用局部估计信息对系统状态全局信息进行最优估计或重构。目前，绝大部分研究成果均建立在局部估计是不发散的假设上，这意味着系统中每个传感器节点均满足可观性条件。一般而言，可观性是一种通过外部观测来估计系统内部状态的能力[11,12]。那么，这就对传感器节点的自身能力要求较高。对单个传感器节点而言，系统状态在许多实际应用场景中往往是不可观测的，被称为“局部不可观现象”[13]。系统状态局部不可观现象产生的原因主要包括：①传感器的能耗受限和易发生故障；②物理条件约束；③监测目标的高机动性使得系统难以保持可观性。由于系统局部不可观情形可能导致系统局部估计发散，因此，采用合适的数学工具以处理局部不可观情形下的局部估计，是现阶段多源信息融合研究中的难点。

另一方面，对多个信息源进行信息融合需要通过传感器网络来实现。然而在典型的传感器网络[14] 中，传感器节点以拓扑图的形式连通起来（见图 1-1），它们通常缺乏融合中心，只能受限、片面地观测系统的整体状态。这样一来，传统的集中式[1] 或分散式[15,16] 多源信息融合算法难以应对上述环境，而采用分布式策略的多源信息融合算法，即分布式多源信息融合算法（见图 1-2），能较好地满足上述需求[14]。其主要原因如下：

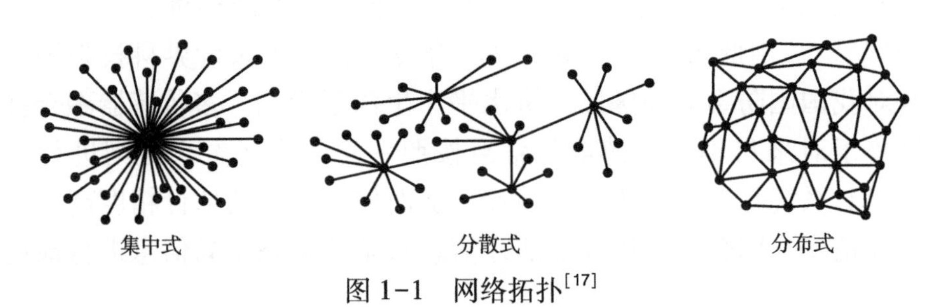

图 1-1　网络拓扑[17]

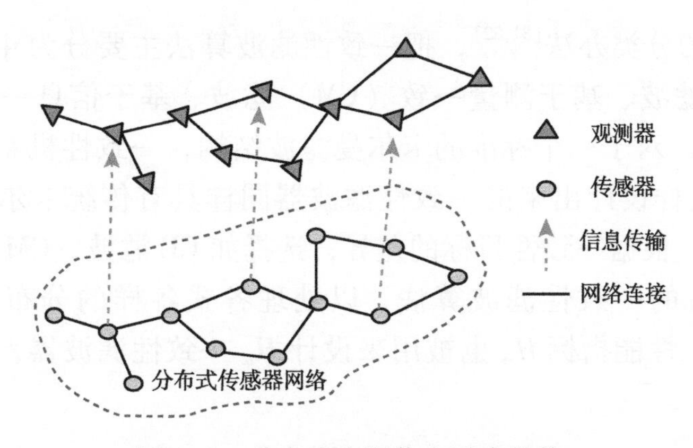

图 1-2　分布式多源信息融合结构

1) 分布式多源信息融合算法利用了局部传感器仅与邻居传感器节点进行通信这一特点，可以有效地把融合任务下放到每个节点上并行完成，从而降低了网络通信能量损耗。

2) 该算法不受网络节点数目和拓扑结构的束缚，具有较高的扩展性和灵活性[14]。

近 10 年来，基于传感器网络的分布式状态估计技术得到了快速发展，并广泛应用于无线相机网络[18]、地图创建与绘制[19] 和分布式多目标追踪[14] 等诸多领域。总体来说，分布式状态估计的目的是通过一组按给定网络拓扑结构组装好的传感器组来观测系统的动态过程，使得各自的观测器估计不仅依赖自己的测量数据，还依赖其邻居节点的观测数据。因此，随之而来的一个根本性问题是如何发展分布式算法来更有效地估计系统的状态。该问题通常称为分布式估计或滤波问题[20]。众所周知，在典型的分布式滤波的框架中，每个节点只能获得来自单个传感器的信息。为了融合来自各个节点的受限信息，一个合适的多传感器融合算法就成为关键。此外，可扩展性要求、融合中心的缺乏，以及传感器网络的鲁棒性等因素，都迫切需要采用一致性算法[21-24] 来迭代融合局部估计从而达到共同的融合估计。正是顺应了这些重要需求，一致性滤波算法才受到了关注并得到了迅速发展[14,25]，它的结构示意图见图 1-3。

事实上，一致性滤波的主要思想起源于 Spanos、Olfati-Saber、Murray、Xiao、Boyd 和 Lall 等人的工作[26,27]，是于 2005 年首次提出的[28,29]。这一年正属于一致性理论发展的黄金时期[21]，同时也是无线传感器网络进入实际应用的第 7 年[30]。从此，开始了一波在理论研究和实际应用研究一致性滤波的新浪潮。目前，一致性滤波器研究中已出现了几种有效的设计方法。本章参考类似 Battistelli 的分类办法[31,32]，把一致性滤波算法主要分为 4 种，即基于状态一致（CE）滤波、基于测量一致（CM）滤波、基于信息一致（CI）滤波及 H_∞ 一致滤波。对于一个标准的卡尔曼滤波结构，一致性机制可以用在更新步或预测步，这样设计出来的一致性滤波器同样具有传统卡尔曼滤波算法的特点[33]。接着，根据一致性目标的差异，选择如 CE 滤波、CM 滤波、CI 滤波策略来设计合适的一致性滤波算法，以处理各式各样的分布式状态估计问题[31,32]。最近，性能指标 H_∞ 也被用来设计 H_∞ 一致性滤波器，并引起了广泛关注[29,31,34-38]。

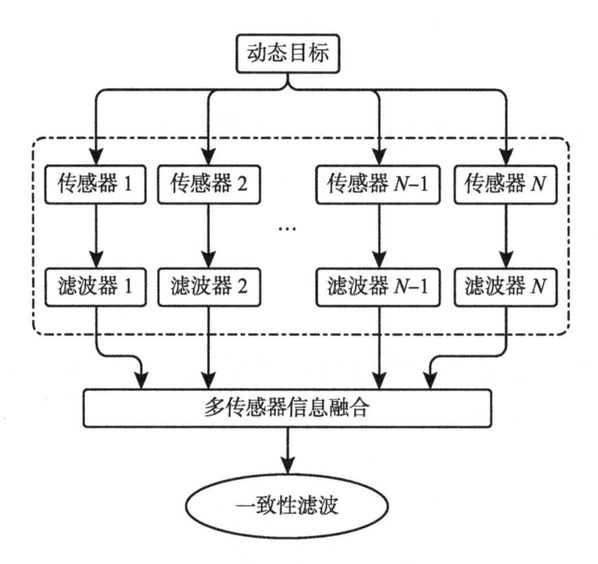

图 1-3　一致性滤波算法的结构示意图

本章主要关注面向传感器网络的一致性卡尔曼滤波算法所涉及的多传感器融合技术与一致性滤波方法，之后介绍传感器网络的可观性或可检性问题的发展动态。

1.1.1　多传感器融合

多传感器融合技术是在军事领域监视、防御、控制和智能处理及工业化控制领域（包括医疗诊断、机器人、遥感、故障诊断、智能家居、卫星测控、制导、海洋监视和管理、智慧农业、模式识别等）强大社会需要的推动下而发展起来的。下面主要讨论针对基于已知互相关信息、无互相关信息及互相关信息未知这三类重要情形的局部估计的多传感器融合技术。具体的多传感器融合技术见表 1-1。

表 1-1　多传感器融合技术

局部估计误差类型	融合法则	备注
无互相关性（独立）	$P_f=\left(\sum_{i=1}^{n}P_i^{-1}\right)^{-1}$ $\hat{x}_f=P_f\left(\sum_{i=1}^{n}P_i^{-1}\hat{x}_i\right)$ ①	最优
已知互相关性（相关）	$P_f=(e^T\Sigma^{-1}e)^{-1}$ $\hat{x}_f=P_f(e^T\Sigma^{-1}\hat{x})$ ②	最优
未知互相关性（未知相关）	$P_f=\left(\sum_{i=1}^{n}\omega_i P_i^{-1}\right)^{-1}$ $\hat{x}_f=P_f\left(\sum_{i=1}^{n}\omega_i P_i^{-1}\hat{x}_i\right)$ ③	次优

① $(\hat{x}_i, P_i)_{i\in\mathcal{N}}$ 和 $(\hat{x}_f, P_f)$ 分别表示局部的和融合后的估计和误差协方差。

② $e=[I, \cdots, I]^T$，$\Sigma=(P_{ij})$，$i, j=1, \cdots, n$；$\hat{x}=[\hat{x}_1^T, \cdots, \hat{x}_n^T]^T$。

③ 根据协方差交叉法则，这里 $\omega_i\in[0, 1]$，$\sum_{i=1}^{n}\omega_i=1$，且 $\omega_i=\underset{\omega_i\in[0,1]}{\operatorname{argmin}}\ \operatorname{tr}\{P_f\}$。

1. 互相关信息为零或已知情形的融合

早在 20 世纪 70 年代初，美国海军将苏联海军舰艇移动的声纳数据进行融合时发现，所得到的结果比利用单个传感器得到的结果更加准确[39]。自此，学术界与工业界吹响了多传感器融合技术研究的号角，获得了大量的成果[3,40-48]。1971 年，美国学者 Singer 率先研究了多传感器信息融合问题，其用于监测相同目标的传感器源自两个局部估计误差假定是独立的不同跟踪器。随后，Willsky 和 Carlson 获得了更一般的结果[40,42]。与此同时，Roy 构造了一种针对相关测量噪声的分散式线性估计器[43]。进而，1986 年 Bar-Shalom 考虑了局部估计的互协方差对融合的影响，提出了一种新型融合公式[44]。1994 年，Kim 推广了 Bar-Shalom 的结果，给出了一种在最大似然估计意义下的最优融合公式，但该公式要求其后验的概率密度函数服从标准正态分布[45]。这种局限性在十年后被 Sun 克服了，他采用拉格朗日（Lagrange）乘子法所得到的最优信息融合公式在线性最小方差意义下推导而出[3]。该融合公式和最佳线性无偏法则[46] 及加权最小二乘法则[47] 在数学意义下是等价的。近来，在无迹卡尔曼滤波（UKF）框架下，Lee 设计了一种特别针对非线性估计的多传感器融合方法[48]。而针对估计误差和测量误差协方差矩阵是奇异的情形，Song 提出一种最优的分布式卡尔曼滤波融合策略[41]。此外，针对局部估计是源于不同的速率的情形，Zhang 公布了一系列相应的多传感器融合的结果[49,50]。

2. 互相关信息未知情形的融合

互相关性未知情形[7] 通常称为未知的互协方差矩阵[8]，或不能获得的互协方差矩阵[9]。互协方差未知情形产生的原因可分为以下两类：

(1)缺少对真实系统的了解

1)不能辨识的互相关性。例如，来自测量噪声的互相关性通常发生在配备导航传感器组的汽车移动过程中，但这种互相关性来自于哪些传感器是难以确定的[7]。

2)近似执行过程。通常假定先验估计误差和测量误差是不相关的，但这会在最终执行过程中带来某种程度的未知相关性[51]。

(2)相关性很难描述

1)涉及很多变量。在诸如地图绘制和天气预报等应用中，其过程模型通常涉及成千上万的状态变量，而一直存储协方差矩阵是不切实际的[7]。

2)数据近亲[31] 或数据多次计算[52]。由于传感器网络存在 loop 结构，因此在基于传感器网络环境的任务下的一组信息就可能会被使用多次。

3)计算困难。例如，针对非线性估计的互相关性研究，如何获得其可靠的互相关性信息仍是一个开放性问题。

综上所述，互相关性未知情形广泛存在于各种各样的多传感器融合问题中。如果对该现象处理不当，将导致滤波性能恶化或发散等严重后果，因此在过去的几十年中一直受到广泛的关注。尽管如此，由于其复杂的未知特性，想要满意地解决带有互相关性未知情形的融合估计问题并不容易。如果直接忽略这种互相关性，即 Naive 融合算法[53]，它可能会带来滤波器性能的发散。为了克服这种发散性，一种常用的次优方法就是人为地增加系统噪声。这种方式需要人为的经验并且损坏了卡尔曼滤波理论的完整性[54]。

纵观已有的处理未知互相关性的融合方法，只有在 1997 年，由 S. J. Julier 和 J. K. Uhlmann 提出的协方差交叉方法[7]能够有效处理未知互相关性。根据 Deng 的描述[10]，协方差交叉融合方法的优点：①避免了辨识和计算互协方差矩阵；②能产生出相容的融合估计值，从而能够获得非发散的滤波算法；③融合后的估计精度优于融合前的每个局部估计；④能给出误差协方差矩阵的上界，并对未知相关性具有鲁棒性。因此，它吸引了很多研究者的关注[9,10,53-65]。其中一部分致力于改进协方差交叉融合方法。如一种广义的协方差交叉方法——分离协方差交叉由 Julier 创造了出来[55]，它可用来处理含有已知的独立信息。接着，Chen 通过研究在 n^2 维空间的线性组合增益改进了 S. J. Julier 和 J. K. Uhlmann[7] 的主要结果。与此同时，Hurley 和 Farrell 分别发布了从信息论角度阐述协方差交叉算法的结果[60,61]。随后，一种把协方差交叉视为特例的Chernoff融合公式在Chang的工作中得到了验证[53]。近来，Benaskeur和Sijs分别提出了最大椭圆算法[62]和椭圆交叉状态融合方法[63]，用来产生较精确的融合估计。此外，Deng还精确地比较了协方差交叉和其他三种不同的最优融合算法[64]。另一部分的结果则偏重于应用协方差交叉方法到实际应用中。例如，目标追踪[9]、容错估计[65]、地图绘制与创建[56]、图像融合[66,67]、汽车定位[68]及NASA火星探测车[58]等。

需要注意的是，协方差交叉及其相关算法的一个显著的缺点是需要消耗大量的计算资源。当需要融合的个数大于2时，该问题就成为了一个约束在$\mathbb{R}^n$维欧式空间中的非线性优化问题，这会导致它在大型分布式传感器网络中的计算显得尤为复杂。因此，发展一种快速协方差交叉算法成为了一个迫切需要解决的问题。幸运的是，目前已出现几种方法可用来满足这一需求。下面介绍4种算法：第一种是序列协方差交叉算法[5]。该算法通过批量处理，将多维非线性优化问题退化到几组一维非线性优化问题。第二种方法是次优非迭代算法[54]。该算法进而被Hu用于设计扩散卡尔曼滤波机制[59]。最近，Cong结合第一种和第二种算法设计出一种次优非迭代序列协方差交叉算法。该算法具有顺序不敏感的优点[69]。第三种算法是椭圆交叉算法[63]，所得到的代数融合公式使得计算可有效执行。第四种算法是闭环优化算法。不同于上述算法来近似最优值，它能得到关于最优权重的一个精确解。对于一个低维的协方差矩阵，通过对协方差交叉的闭环优化[70]，它能把非线性优化问题退化到多项式寻根问题。

1.1.2　一致性滤波

随着传感器网络技术的快速发展，基于传感器网络的多传感器融合技术已成为一个活跃的研究领域。为了提高系统的可扩展性、对故障的鲁棒性及减少传感器网络的通信负担，多传感器融合技术的研究焦点已从集中式转向分布式[26,27]。Spanos提出了一种分布式多传感器融合机制，它允许传感器网络的节点能跟踪到逆协方差矩阵的信息，从而达到动态平均一致性的条件[26]。几乎同时，Xiao提出了一种基于平均一致的分布式多传感器融合机制，不同的是这种机制通过加权平均的方式来更新节点数据从而将信息扩散至整个网络中，这将最终收敛到全局最大似然估计值[27]。实际上，正是这两篇文章的诞生才促成了人们对一致性滤波算法的研究，这也是本章的另外一个重点。

本节对几种适合于设计一致性滤波器的一致性方法的最新进展进行系统综

述。总体来说，关于一致性滤波的方法可以大致归结为 4 种，即基于状态一致（CE）滤波、基于测量一致（CM）滤波、基于信息一致（CI）滤波及 H_∞ 一致滤波。针对具有多传感器测量的线性时变系统，这 4 种一致性滤波方法的设计机制见表 1-2。接下来，将针对每种一致性滤波方案进行深入探讨。

表 1-2　4 种一致性滤波方法的设计机制

类型	一致性滤波器结构①	本书参考文献
CE	$\hat{\boldsymbol{x}}_k^i=\hat{\boldsymbol{x}}_{k\mid k-1}^i+\boldsymbol{K}_k^i(\boldsymbol{z}_k^i-\boldsymbol{H}_k^i\hat{\boldsymbol{x}}_{k\mid k-1}^i)+\boldsymbol{u}_k^i$ $\boldsymbol{u}_k^i=\boldsymbol{C}_k^i\sum_{j\in N_i}(\hat{\boldsymbol{x}}_{k\mid k-1}^j-\hat{\boldsymbol{x}}_{k\mid k-1}^i)$	[34,35]
CM	$\boldsymbol{\Omega}_{k\mid k}^i=\boldsymbol{\Omega}_{k\mid k-1}^i+\lvert\mathcal{N}\rvert\sum_{j\in\mathcal{N}}\pi_{L,k}^{i,j}(\boldsymbol{H}_k^j)^{\mathrm{T}}(\boldsymbol{R}_k^j)^{-1}\boldsymbol{H}_k^j$ $\boldsymbol{q}_{k\mid k}^i=\boldsymbol{q}_{k\mid k-1}^i+\lvert\mathcal{N}\rvert\sum_{j\in\mathcal{N}}\pi_{L,k}^{i,j}(\boldsymbol{H}_k^j)^{\mathrm{T}}(\boldsymbol{R}_k^j)^{-1}\boldsymbol{z}_k^j$	[29,35]
CI	$\boldsymbol{\Omega}_{k\mid k}^i=\sum_{j\in\mathcal{N}}\pi_{L,k}^{i,j}[\boldsymbol{\Omega}_{k\mid k-1}^j+(\boldsymbol{H}_k^j)^{\mathrm{T}}(\boldsymbol{R}_k^j)^{-1}\boldsymbol{H}_k^j]$ $\boldsymbol{q}_{k\mid k}^i=\sum_{j\in\mathcal{N}}\pi_{L,k}^{i,j}[\boldsymbol{q}_{k\mid k-1}^j+(\boldsymbol{H}_k^j)^{\mathrm{T}}(\boldsymbol{R}_k^j)^{-1}\boldsymbol{z}_k^j]$	[31,36]
H_∞ 一致	$\begin{cases}\hat{\boldsymbol{x}}_k^i=\boldsymbol{A}_k\hat{\boldsymbol{x}}_{k-1}^i+\boldsymbol{K}_k^i(\boldsymbol{z}_k^i-\boldsymbol{H}_k^i\hat{\boldsymbol{x}}_{k-1}^i)+\boldsymbol{u}_k^i\\ \boldsymbol{u}_k^i=\boldsymbol{C}_k^i\sum_{j\in N_i}(\hat{\boldsymbol{x}}_{k-1}^j-\hat{\boldsymbol{x}}_{k-1}^i)\end{cases}$ $\frac{1}{n}\sum_{i\in\mathcal{N}}\lVert\tilde{\boldsymbol{z}}^i\rVert^2\leqslant\gamma^2\left\{\lVert\boldsymbol{v}\rVert_2^2+\frac{1}{n}\sum_{i\in\mathcal{N}}(\boldsymbol{e}_0^i)^{\mathrm{T}}\boldsymbol{S}^i\boldsymbol{e}_0^i\right\}$②	[37,38]

① $\boldsymbol{A}_k$ 表示系统矩阵。对每个节点 i，$\boldsymbol{H}_k^i$、$\boldsymbol{R}_k^i$ 和 $\boldsymbol{z}_k^i$ 分别是测量矩阵、测量噪声协方差和测量输出，$\boldsymbol{K}_k^i$ 和 $\boldsymbol{C}_k^i$ 是待求的滤波器和一致性增益，并且 $\pi_{L,k}^{i,j}$ 是 L 步一致后的一致性矩阵的元素。进而，记 $\boldsymbol{\Omega}_{k\mid k}\triangleq(\boldsymbol{P}_{k\mid k})^{-1}$ 和 $\boldsymbol{q}_{k\mid k}\triangleq(\boldsymbol{P}_{k\mid k})^{-1}\hat{\boldsymbol{x}}_{k\mid k}$ 为信息矩阵和信息向量，$(\boldsymbol{H}_k^i)^{\mathrm{T}}(\boldsymbol{R}_k^i)^{-1}\boldsymbol{z}_k^i$ 和 $(\boldsymbol{H}_k^i)^{\mathrm{T}}(\boldsymbol{R}_k^i)^{-1}\boldsymbol{H}_k^i$ 为新息对。

② 这里 $\tilde{\boldsymbol{z}}^i$ 和 $\boldsymbol{e}_0^i$ 分别是节点 i 的滤波误差和初始误差。γ 是干扰扰动抑制水平，且 $\boldsymbol{v}$ 表示噪声序列，$\boldsymbol{S}^i$ 是一个给定的正定矩阵。

1. 基于状态一致（CE）滤波

第一种一致性滤波方法称为基于状态一致（CE）滤波，是一种最基本的一致性滤波方法，主要是通过平均状态估计来达到一致。在 CE 滤波[28] 发展的早期阶段，每个传感器节点被视为一个智能体。因此，多智能体系统研究领域的一致性理论可以直接用在分布式滤波领域中，只需再加上额外的一项来反映测量信息，这一思想可由如下表达式所示：

$$\dot{\boldsymbol{x}}_i(t)=\sum_{j\in N_i}a_{i,j}(\boldsymbol{x}_j(t)-\boldsymbol{x}_i(t))+\sum_{j\in J_i}a_{i,j}(\boldsymbol{u}_j(t)-\boldsymbol{x}_i(t))\tag{1-1}$$

式中，$\boldsymbol{x}_i(t)$ 和 $\boldsymbol{u}_i(t)$ 分别为节点 i 的当前状态和测量状态；N_i 为节点 i 的邻居节点的集合；J_i 为包括节点 i 的邻居节点的集合；$a_{i,j}$ 为所在的连接矩阵的 (i, j) 元素。

该一致性算法后来进一步发展成卡尔曼类型分布式估计器，它结合了更新的状态估计项和一致项，这也称作一致性卡尔曼滤波器[34,35]。值得注意的是，CE 滤波并不局限于卡尔曼类型滤波器㊀。事实上，H_∞ 一致滤波也可以归为此种，但鉴于其在工程领域的重要性，本节第 4 点将对其进行深入介绍。

从算法的角度来看，CE 滤波并不要求知道局部误差协方差或局部概率密度函数的信息，因此该一致性方案及其变种被广泛用于一致性滤波器的设计中[20,34,71-74]。例如，通过使用一致性策略，Carli 构造了一种基于自身测量与邻居节点估计的局部估计器[75]。Stankovi 介绍了一种鲁棒的一致性滤波器，它能在存在观测丢失和通信故障的情形下提供可靠的估计[71]。与此同时，Yu 借助复杂网络中同步与一致性理论，构造出一种新颖的结合了牵制观测的 CE 滤波算法[76]。此外，Farina 将 CE 滤波项用在惩罚函数中来增加局部估计的精度[72]，这也是保证待观测系统的状态估计收敛性的重要举措。更具体地，Matei 通过两步来设计一致性滤波器[20]：首先，设计一个 Luenberger 型滤波器来得到更新的估计；接着，也就是一致步，每个传感器对自身的局部估计与来自邻居的更新估计进行凸组合运算。与此同时，La 和 Sheng 集成了两种不同的分布式一致性滤波器从而达到了合作感知的作用[77]。Zhu 针对两种不同的传感器类型，设计出根据 CE 滤波的两类一致性滤波器并解决了目标追踪问题[73]，并且讨论了它们的无偏性和最优性。之后，Akmee 及其合作者提出了一种带有一致性滤波器结构的分散式观测器，其在一致性滤波器的设计中考虑了邻居节点的信息，以致于每个节点的状态能在 r 次迭代后达到一致[74]。

2. 基于测量一致（CM）滤波

CE 滤波没有利用误差协方差矩阵的信息，这可能会在卡尔曼类型一致性滤波器的设计上带来一定的保守性。众所周知，由于误差协方差会包含某些有用的信息，它可以用来改进滤波器的性能。正是考虑到这一点，一种新的一致性滤波方案，基于测量一致（CM）滤波被提出。该方案以一种分布式的方式对局部测量信息。更准确地说，对局部新息进行一致以达到集中式卡尔曼滤波

㊀ 同 Olfati-Saber 的定义一样[34]，这里把与卡尔曼滤波器具有相似结构的递归估计器叫做卡尔曼类型滤波器。

器的更新值。值得注意的是，要想保证采用 CM 滤波的一致性滤波器的稳定性，需要在每个采样周期里执行足够大的一致步数。这样就能把局部新息信息快速地传播到整个网络中。此外，这种方案的成功应用需要假设来自不同传感器的测量误差相互独立，并且该方案局限于卡尔曼类型的一致性滤波器。

过去的十年里，CM 滤波被广泛地用于信号处理和控制领域[29,35,78-82]。实际上，CM 滤波的思想最早在 2005 年 Olfati-Saber 的工作中已初见端倪[29]，主要用来解决用于低通和带通一致性滤波器的数据融合问题。2007 年，Olfati-Saber 继续研究了这种一致性方法的改进版本[35]，主要采用两种相同的一致性滤波器并且适用于带有不同测量矩阵的传感器网络。进而，Kamgarpour 给出了保证 CM 滤波局部估计的误差协方差矩阵和状态估计能收敛到它们所对应的集中式估计器性能要求的条件[78]。随后，这种一致性滤波方法分别用在了设计马尔可夫跳跃系统[80] 和带有非高斯噪声的离散非线性系统[81] 的一致性滤波器中。接着，Li 通过统计线性误差传播方法[83] 重构了一个伪测量矩阵，这样利于在无迹卡尔曼滤波框架下使用 CM 滤波。最近，Hlinka 把 CM 滤波转换成似然估计一致性方法并用于分布式粒子滤波器的框架下[82]。

3. 基于信息一致（CI）滤波

考虑到在一些特定的无线传感器网络中，出于减少通信负担和提高能量效用的目的，很多时候希望通过一步或几步迭代次数执行一致算法。这意味着将没有足够的时间让 CM 滤波收敛[84]，因此提出了基于信息一致（CI）滤波。从算法的角度来看，CI 滤波无非是对信息矩阵和信息向量进行局部平均。其优点是对任意一致步数均能保证稳定性，但由于它采取的是一种保守融合算法，并假设局部估计的相关性是完全未知的，因此其均方估计误差性能会受到影响[32]。CI 滤波的思想最初是 2011 年由 Battistelli 提出用来研究分布式状态估计问题的[36]。随后，2014 年 Battistelli 在期刊 *Automatica* 上发表的论文对其进行了严谨的数学描述[31]。在该论文中，CI 滤波被理解为在 Kullback-Leibler 距离意义下对概率密度函数进行一致。依循这样的一致性框架，Battistelli 进一步设计了一种新颖的 Cardinalized 概率假设密度一致性滤波器来探讨传感器网络下分布式多目标追踪问题[14]。接着，Battistelli 设计了用于执行对高机动性目标的分布式追踪任务的多模贝叶斯一致性滤波器[85]。近来，本书作者把这种一致性方法用于对带有状态和传感器饱和现象的传感器网络的分布式无迹卡尔曼滤波的设计[86]。

4. H_∞ 一致滤波

需要指出的是，前面所提到的一致性滤波算法主要是基于传统的卡尔曼滤波理论的，因此它们要求系统的统计信息是完全已知的。然而许多实际的系统常常伴随着参数不确定及外部扰动。可以预见，发展具有鲁棒特性的一致性方法是很有必要的。考虑到这些因素，H_∞的一致滤波方案被提出并受到广泛关注[37,38,87-93]。

H_∞一致性滤波（H_∞ consensus filtering）这一名词最早由Shen提出[37]，其主要思想是通过相邻节点间的H_∞不一致函数来量化滤波器网络的一致性能[90]。在Shen 2010年的工作中[37]，H_∞一致滤波通过所提出的在有限域上滤波误差有界一致性条件来衡量，还特别考虑了一个对带有多测量丢失的传感器网络模型。同样，Dong研究了同时带有随机发生饱和和丢包现象的分布式H_∞一致滤波问题[38]。进而，H_∞一致滤波被用来解决在多智能体系统中的一系列一致性问题，如一种新颖的模糊模型[88]、带有信息丢失的系统[87]。Ding还提出了一种用于移动传感器网络的基于事件触发协议的分布式H_∞一致滤波策略[89]。几乎与Shen同时，Ugrinovskii利用向量耗散性方法发展了另一套H_∞一致滤波理论[90-93]。例如，通过对估计执行H_∞一致滤波，Ugrinovskii讨论了带有不确定测量的系统的鲁棒滤波问题[90]，分析了带有无界能量的非线性扰动系统[91]。随后，Ugrinovskii还发展出一种基于H_∞一致滤波的同步协议，使得每个智能体都与一个参数变化系统进行同步[93]。沿着向量耗散性的方法，Han研究了基于事件触发协议的分布式H_∞一致滤波算法[94]。

由于在实际的传感器网络中，节点通信能力或数目等资源受限及网络结构具有脆弱性，近年来，英国布鲁内尔（Brunel）大学王子栋教授团队提出了基于部分传感器节点的分布式滤波方法以提升系统的容错性与非脆弱性，并且可以用于抵御传感器网络变化所带来的影响[95-97]。例如，本书参考文献［95］考虑了基于部分传感器节点的分布式滤波方法，对带有分布时滞及能量受限的测量噪声的复杂网络进行分布式状态估计。在此基础上，本书参考文献［96］研究了基于部分传感器节点的事件触发分布式滤波问题，本书参考文献［97］利用部分传感器节点发展了H_∞一致滤波方法以处理节点测量栅失问题。

1.1.3 分布式状态估计的可观性和可检性问题

如何解决基于传感器网络的可检性或可观性问题，在分布式状态估计研究中起着至为关键的作用。它反映系统的状态能否通过分布在不同位置的传感器组进行重构。在已有的关于分布式状态估计的工作中，相应的可观性

（可检性）问题研究已引起了广泛的关注[19,20,29,31,32,34,59,71,79,98,99]。一般说来，大多数关于分布式状态估计问题的可观性（可检性）条件可以分为以下 4 种：第一种为同一可观性（可检性）[29] 条件。它要求传感器网络中每个测量矩阵都是相同的，并且都满足可观性（可检性）条件。显然，这种可观性（可检性）是很受限制的，也难以在实际中普及。第二种为局部可观性（可检性）[34,71,99] 条件。它不再要求传感器网络中所有的传感器观测矩阵是相同的，但需要每个传感器节点都满足可观性（可检性）条件，这同样对传感器的感知能力提出了较强的挑战。这一条件被 Olfati-Saber、Stankovi 和 Sijs 用来保证所设计的滤波器误差协方差是有界的[34,71,99]。第三种是分布式可观性（可检性）[98] 条件。它进一步放松了约束，只要求某个传感器节点连同它邻居的节点满足可观性条件。之后，第四种可观性条件被提出，即共同可观性（可检性）[19,20,31,32,59]。此条件仅要求系统对整个传感器网络而言是可观（可检）的。基于这一思想，Ugrinovskii 提出了共同可检性条件。对其所设计的一致性观测器，这个条件被证明是充分必要的[19]。Battistelli 提出了共同可观性用来保证误差协方差的有界性[31,32]。此外，Kar 还提出了弱可检性，即用步长 ℓ 去覆盖节点数 $N(\ell \geqslant N)$。该可检性只要求其对应的格拉姆（Gramian）矩阵是可逆的[100,101]。

与此同时，Edwards 和 Menon[102] 提出一种类似部分传感器节点结构的牵制观测器（pinning observer）设计方法，并给出了所需牵制的传感器数目。此类分布式滤波器的成功应用仍然需要相应的可观性（可检性）作为辅助条件，被称为牵制可观性（可检性）（pinning observability/detectability）。例如，Yu 等[103] 提出了一种适用于复杂网络中的牵制可观性条件，但其中“牵制”主要针对复杂网络中部分节点的状态，不一定适用于传感器网络环境中。

然而，由于受网络攻击、变化拓扑、成本及地域等多种因素的制约，整个系统从单个节点角度来看，往往难以满足可观性或可检性条件，这给设计一个合适的分布式估计器带来了极大不便。因此，发展合理、有效、适用于复杂网络化环境的可观性或可检性条件，便成为迫在眉睫的任务。为此，本书作者先后提出了多种新型基于传感器网络的可观性或可检性条件：

1）针对线性时变随机系统的分布式估计问题，提出了共同一致可检性条件[101,104]。该条件有助于保证三类常见的一致性卡尔曼滤波算法是稳定的。

2）提出了加权一致可检性条件[13]，当系统局部不可检但满足加权一致可检时，同样可用来设计分布式估计器。同时，创造性地在所发展的可检性条件中引入了优化权重，可进一步通过离线优化方法来改进一致性滤波器的估计性能。

3) 提出联合一致可观性条件[105]，并将其成功应用于多传感器信息融合中。根据联合一致可观性的“离线”与“优化”的特点，发展了一套新型基于 Gramian 矩阵的“快速协方差交叉融合”算法，用于融合互协方差未知情形的信息源。

4) 针对分布式估计器设计中所需的最小传感器节点数目这一问题，提出了最小节点一致可观性条件[106]。首先在可观性条件里引入了“0~1”随机变量来描述传感器节点在网络拓扑结构中的取舍，同时结合半定规划优化方法，不仅给出了所需传感器节点的最少数目，而且找到了它们的最佳组合。

这些可观性（可检性）条件具有如下特点：

1) 均是针对时变系统，这比传统的时不变系统所对应的结果，更具有一般性，也更具有挑战性。

2) 兼容性。既具有传统可观性（可检性）条件所具备的性质，同时能退化到传统可观性（可检性）条件，并且保持较低的保守性。

3) 离线检验。均可以离线进行验证，从而给分布式状态估计器的设计提供指导意义。

因此，这些可观性（可检性）条件能更好地应用于一致性卡尔曼滤波算法设计中。

1.2　内容提纲

1.2.1　内容概述

本书的出发点是基于传感器网络的分布式一致性滤波理论来进一步延伸和拓展，立足于解决现阶段控制理论和实际工程应用中出现的最新问题，实现对基于传感器网络的一致性卡尔曼滤波器设计及其稳定性分析问题理论与应用上的突破和发展。本书内容的出发点与逻辑示意图如图 1-4 所示。具体说来，在典型的传感器网络中，每个滤波节点需对目标状态进行局部估计。卡尔曼滤波被证明是在线性高斯情形下的均方意义下的最优估计，因此很自然地选用卡尔曼类型滤波算法来作为局部估计。另一方面，由于局部估计所基于的数据

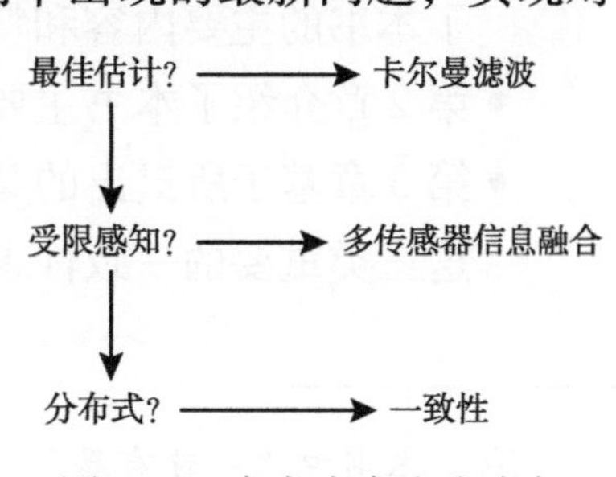

图 1-4　本书内容出发点与逻辑示意图

源自于受限感知的传感器，因此它们是片面、局部的，所以需要对来自不同的传感器数据进行多传感器信息融合。此外，由于可扩展性要求、融合中心的缺乏及传感器网络的鲁棒性等因素，都迫切需要采用分布式模式及一致性算法来迭代融合局部估计从而达到共同的估计效果。

总体来说，本书可分为两个部分，具体如下所述：

第一部分本书为第1~6章，主要讨论了几类一致性卡尔曼滤波算法的稳定性分析，是第二部分研究的基础。这部分研究了基于传感器网络的可观性问题，先后提出了共同（完全）一致可观性（第3章和第4章）、加权一致可观性（第5章）及联合一致可观性（第6章）等新颖的可观性（可检性）定义；并且，证明了在这些可观性（可检性）以及一些必要条件下，各自对应的一致性卡尔曼滤波器的误差协方差是一致㊀有界的。特别要指出的是，第4章还给出了系统证明所考虑的一致性卡尔曼滤波器的估计误差是均方有界的方法。

第二部分重点考虑了一致性卡尔曼滤波器的设计与应用，主要结果见第7章和第8章。不同于第一部分考虑的是线性时变系统，这一部分侧重于针对非线性系统设计一致性卡尔曼滤波算法。为此，第二部分主要研究了在UKF框架下的一致性滤波器的设计问题。考虑到传统的基于UKF的一致性滤波器设计上的不足，第7章设计了基于加权平均一致的UKF一致性滤波算法，并给出了其估计误差的稳定性分析方法。此外，当考虑到系统状态和测量输出中普遍存在的饱和现象，第8章应用CI滤波设计出CI UKF算法。

本书内容结构图如图1-5所示。

1.2.2 每章内容

- 第1章阐明了本书研究的意义、背景、动机及研究的主要内容，并介绍了本书的主要内容和特点。
- 第2章介绍了本书主要内容所涉及的基础知识和基本概念。
- 第3章基于所提出的共同一致完全可观性定义，讨论CI、CM和HCICM这三类重要的一致性卡尔曼滤波算法的误差协方差一致有界性的存在性

㊀ 本书中“一致有界”与“一致可观”“一致可检”等定义一样，这里的“一致”指的是对时间的一致，即对于所有时间段均满足。这与“一致性卡尔曼滤波”中的“一致”（即共识）不同。

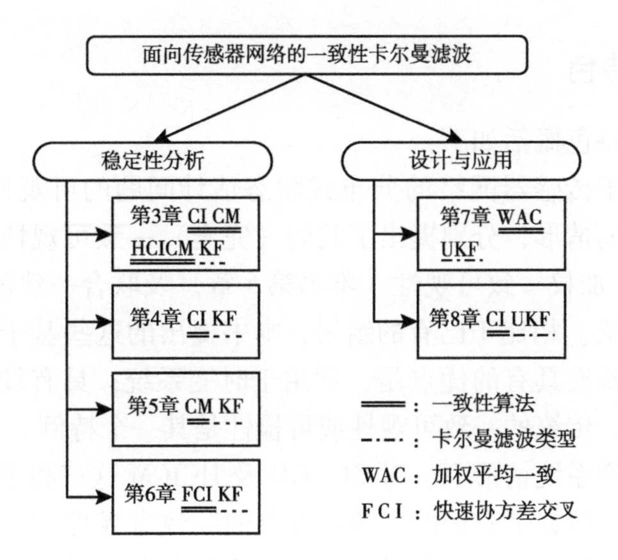

图 1-5　本书内容结构图

条件，并给出了其一致上界和下界的具体表达形式。

- 第 4 章继续讨论了 CI 一致性卡尔曼滤波，但权重是通过优化得出的。进而，通过随机稳定性理论和共同一致可观性条件，研究了算法的误差协方差一致有界性与估计误差均方有界性。
- 第 5 章针对传感器网络中局部节点不满足可观的情形，提出加权一致可观性定义。与已有的网络可观性定义不同，该定义引入了交互权重。优点是不仅可以通过优化交互权重进一步提高一致性卡尔曼滤波器的稳定性，还能反过来利用加权一致可观性，获得了一种新的交互权重的设计方法。
- 在第 5 章基础上，第 6 章进一步提出了联合一致可观性，并发展出一种新颖的快速协方差交叉算法。该算法可以在减少计算负担的同时兼顾滤波精度。
- 第 7 章致力于研究分布式传感器网络框架下基于一致的 UKF 问题。主要提出一种新颖的基于加权平均一致的 UKF 算法，并系统地证明了该算法的估计误差的均方有界性。
- 第 8 章进一步研究了带有饱和现象的一致性 UKF 问题。针对同时存在的系统饱和与测量饱和现象，提出了 CI 分布式 UKF 算法，并有效地估计出系统的真实状态。
- 第 9 章主要对本书的工作进行了总结，并对下一步研究工作进行了规划。

1.2.3 本书特色

本书的主要特色概括如下：

- 研究了基于传感器网络的分布式状态估计问题的可观性或可检性问题。针对各自的情形，分别提出了共同（完全）一致可观性（本书第3章和第4章）、加权一致可观性（本书第5章）及联合一致可观性（本书第6章）等定义。相比于已有的结果，本书提出的这些基于传感器网络的可观性或可检性具有的优点是，适用于时变系统；具有较小的保守性；具有一般性，传统的一致可观性或可检性是其一个特例。
- 在线性时变系统情形下，对CI、CM及HCICM这三类重要的一致性卡尔曼滤波器，研究了它们的误差协方差的一致有界性的存在条件，并给出了可离线计算的误差协方差一致上界和下界的具体表达形式（本书第3章和第4章）。
- 针对一般的线性时变系统与非线性系统，借助随机稳定性理论，分别发展出一套系统分析一致性卡尔曼滤波器估计误差的指数均方有界性的方法（本书第4章和第7章）。
- 提出了新的一致性滤波方案。针对强非线性系统，提出了基于加权平均一致的UKF算法，该方法避免了由构造伪测量矩阵而带来的保守性（本书第7章）。

第2章　预备知识

本章介绍面向传感器网络的一致性卡尔曼滤波所需的基础知识和基本概念，包括图论的基本知识、可观性与可检性，以及一些有用的定义与引理等。这些基本知识和概念为后续学习进行了铺垫。

2.1　图论初步知识

本书描写的传感器网络均是通过图的语言来刻画。首先，介绍图论的初步知识。本书所考虑的传感器网络均是由 N 个传感器节点组成的，它们依有向图或无向图 $\mathcal{G}=(\mathcal{N},\ \mathcal{E})$ 拓扑结构连接（见图 2-1）。其中，$\mathcal{N}=\{1,\ 2,\ \cdots,\ N\}$ 是所有传感器节点的集合，$\mathcal{E}$ 为节点间连接关系的集合。$(i,\ j)\in\mathcal{E}$ 表示节点 j 能接收到来自节点 i 的信息。进而，如果把节点 i 包含在其邻居节点中，把节点 i 的邻居记为 $\mathcal{N}_i$，即 $\mathcal{N}_i=\{j\mid(j,\ i)\in\mathcal{E}\}$。如果节点 i 不包含在其邻居节点中，则记其邻居节点为 $\mathcal{N}_i\setminus\{i\}$。

下面给出一些关于图的基本定义。

定义 2.1　无向图[107]　由一组节点和一组能够将两个节点链接在一起的边组成，且边不具有方向性（见图 2-1a）。

定义 2.2　有向图[107]　具有方向性的图，是由一组节点和一组有方向的边组成的，每条方向的边都连着一对有序的节点（见图 2-1b）。

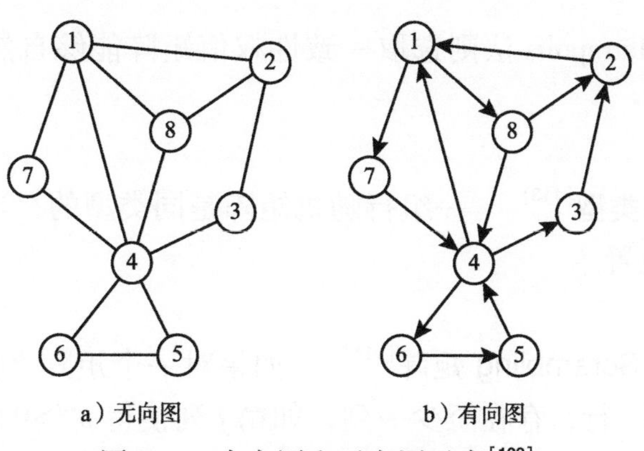

a）无向图　　b）有向图

图 2-1　有向图和无向图示意[108]

定义 2.3 连通[109] 在无向图中，若任意两个节点之间都有路径，则称此无向图是连通的。

定义 2.4 强连通[110] 在有向图中，若任意两个顶点 A 和 B 之间都存在一条从 A 到 B 和从 B 到 A 的路径，即都含有至少一条通路，则称此有向图是强连通的。

在一个典型的传感器网络中，节点之间信息的传播程度通常用权重来表示。常见的权重计算方法有 Metropolis 法则[111]，其表达式为

$$\Pi_{ij}(k)=\begin{cases}\dfrac{1}{1+\max\{d_i(k),d_j(k)\}} & 当\{i,j\}\in\mathcal{E}\\ 1-\sum_{\{i,j\}\in\mathcal{E}}\Pi_{i,j}(k) & 当 i=j\\ 0 & 其他\end{cases}$$

式中，$d_i(k)$ 为节点 i 在 k 时刻的度。本书中由权重组成的矩阵称为一致性权重矩阵或一致性矩阵。下面探讨一致性矩阵与图的连通关系。在此之前，介绍如下几个关于矩阵的定义。

定义 2.5 正矩阵[112] 如果一个矩阵的所有元素都大于 0，则该矩阵称为正矩阵。

定义 2.6 随机矩阵[31] 如果一非负方阵的行和为 1，则称该矩阵是行随机的。进而，如果该矩阵的列和也为 1，则称该矩阵是双随机矩阵。

可见，按照 Metropolis 法则选取一致性权值矩阵能够自然地保证其为随机矩阵。

定义 2.7 同类型[113] 一组行随机矩阵是同类型的，当且仅当它们的零值和正值在相同位置。

定义 2.8 Scrambling 矩阵[114] 如果对一个矩阵 $\boldsymbol{P}(\boldsymbol{P}=[p^{i,j}])$ 的任两行，如第 i 行和第 i' 行，存在至少一列，如第 j 列使得 $p^{i,j}>0$ 和 $p^{i',j}>0$，则该矩阵称为 Scrambling 矩阵。

注意，一个网络是强连通的并不意味着所对应的权重矩阵是 Scrambling 矩阵，见 Liu 给出的一个反例[79]，反之亦然。

定义 2.9　本原矩阵[115]　对于一非负方阵 $\boldsymbol{P}$，如果存在 k 使得 $\boldsymbol{P}^k$ 为正矩阵，则称该矩阵 $\boldsymbol{P}$ 为本原矩阵。

进而，由 Calafiore 的结果可知，一致性权值矩阵是本原矩阵的充要条件为无向网络拓扑图是连通的[116]。此外，若网络拓扑图为有向图，一致性权值矩阵为本原矩阵的必要条件为有向图是强连通的。进一步如果权重矩阵 $\boldsymbol{\Pi}$ 是本原的，那么必然存在一个自然数 s，使得矩阵 $\boldsymbol{\Pi}$ 的 s 次幂是正矩阵。

本书还介绍了其他权重方法，如通过优化方法计算权重的方法，详见本书第4~6章。

2.2　可观性与可检性

系统的一致可观性与一致可检性对于系统的稳定性研究尤为重要。本节将介绍传统的可观性与可检性定义。首先，考虑下列离散时间线性时变随机系统：

$$\boldsymbol{x}_k=\boldsymbol{F}_{k-1}\boldsymbol{x}_{k-1}+\boldsymbol{w}_k \tag{2-1}$$

$$\boldsymbol{z}_k=\boldsymbol{H}_k\boldsymbol{x}_k+\boldsymbol{v}_k \tag{2-2}$$

式中，$\boldsymbol{x}_k\in\mathbb{R}^n$，为状态向量；$\boldsymbol{z}_k\in\mathbb{R}^m$，为测量值；$\boldsymbol{F}_{k-1}$ 与 $\boldsymbol{H}_k$ 为具有合适维数的系统矩阵和测量矩阵；$\boldsymbol{w}_k\in\mathbb{R}^n$ 和 $\boldsymbol{v}_k\in\mathbb{R}^m$ 分别为过程噪声和测量噪声序列，它们是不相关的，且均值为0，协方差分别为 $\boldsymbol{Q}_{k-1}$ 和 $\boldsymbol{R}_k$ 的高斯白噪声序列。那么式（2-1）和式（2-2）系统的一致可观性与一致可检性的定义分别由下面的定义2.10和定义2.11给出。

定义 2.10　一致可观性[11]　如果存在整数 $1\leqslant m<\infty$ 和常数 $\underline{\gamma}$，$\bar{\gamma}$，$0<\underline{\gamma}\leqslant\bar{\gamma}<\infty$，对所有 $k\geqslant m$ 使得

$$\underline{\gamma}\boldsymbol{I}_n\leqslant\sum_{l=k-m}^{k}\boldsymbol{\phi}^{\mathrm{T}}(l,k)\boldsymbol{H}_l^{\mathrm{T}}\boldsymbol{R}_l^{-1}\boldsymbol{H}_l\boldsymbol{\phi}(l,k)\leqslant\bar{\gamma}\boldsymbol{I}_n$$

则式（2-1）和式（2-2）系统是一致可观的。其中，$\boldsymbol{\phi}(k,\ k)=\boldsymbol{I}_n$，有

$$\boldsymbol{\phi}(l,k)=(\boldsymbol{F}_l)^{-1}(\boldsymbol{F}_{l+1})^{-1}\cdots(\boldsymbol{F}_{k-1})^{-1}$$

定义 2.11 一致可检性[12] 如果存在整数 m，$t\geqslant 0$ 和满足 $0\leqslant d<1$，$0<b<\infty$ 的常数 d，b 使得无论何时，对某些 $\boldsymbol{\xi}$ 和 k 有

$$\|\boldsymbol{\phi}(k+t,k)\boldsymbol{\xi}\|\geqslant d\|\boldsymbol{\xi}\|$$

则有

$$\boldsymbol{\xi}^{\mathrm{T}}\boldsymbol{M}(k+m,k)\boldsymbol{\xi}\geqslant b\boldsymbol{\xi}^{\mathrm{T}}\boldsymbol{\xi}$$

其中

$$\boldsymbol{M}(k+m,k)=\sum_{l=k}^{k+m}\boldsymbol{\phi}^{\mathrm{T}}(l,k)\boldsymbol{H}_l^{\mathrm{T}}\boldsymbol{H}_l\boldsymbol{\phi}(l,k)$$

并且 $\boldsymbol{\phi}(k,k)=\boldsymbol{I}_n$ 及当 $l>k$ 时，有

$$\boldsymbol{\phi}(l,k)=\boldsymbol{F}_{l-1}\boldsymbol{F}_{l-2}\cdots\boldsymbol{F}_k$$

那么称式（2-1）和式（2-2）的系统是一致可检的。

如果把式（2-2）推广到传感器网络中，即 $\boldsymbol{z}_k^i=\boldsymbol{H}_k^i\boldsymbol{x}_k+\boldsymbol{v}_k^i$，那么对于一个节点 $i\in\mathcal{N}$，则有系统信息对（$\boldsymbol{F}_k$，$\boldsymbol{H}_k^i$）。若每个信息对均满足一致可观性或可检性，则称这样的可观性（可检性）为局部一致可观性（可检性）。值得注意的是，本书后续介绍的基于传感器网络的可观性（可检性）条件均是通过定义 2.10 或定义 2.11 发展而来的。

2.3 相关引理

本节将介绍一些常用的引理，这为本书后面的理论推导提供了有益的帮助。

引理 2.1 矩阵逆引理[117] 假设矩阵 $\boldsymbol{A}\in\mathbb{R}^{n\times n}$，$\boldsymbol{X}\in\mathbb{R}^{n\times r}$，$\boldsymbol{Y}\in\mathbb{R}^{r\times n}$，$\boldsymbol{R}\in\mathbb{R}^{r\times r}$，若矩阵 $\boldsymbol{A}$、$\boldsymbol{B}=\boldsymbol{A}+\boldsymbol{XRY}$、以及 $\boldsymbol{R}^{-1}+\boldsymbol{YA}^{-1}\boldsymbol{X}$ 均为非奇异的，则有下式成立：

$$\boldsymbol{B}^{-1}=\boldsymbol{A}^{-1}-\boldsymbol{A}^{-1}\boldsymbol{X}(\boldsymbol{R}^{-1}+\boldsymbol{YA}^{-1}\boldsymbol{X})^{-1}\boldsymbol{YA}^{-1}\tag{2-3}$$

引理 2.2[118] 设 $\boldsymbol{A}\in\mathbb{R}^{n\times n}$，$\boldsymbol{C}\in\mathbb{R}^{n\times n}$，如果 $\boldsymbol{A}>0$ 且 $\boldsymbol{C}>0$，则有

$$A^{-1} > (A+C)^{-1} \tag{2-4}$$

引理 2.3[118] 设 $A \in \mathbb{R}^{m\times m}$，$B \in \mathbb{R}^{m\times n}$，$C \in \mathbb{R}^{n\times n}$，如果 $A>0$ 且 $C>0$，则有

$$A^{-1} > B(B^{\mathrm{T}}AB+C)^{-1}B^{\mathrm{T}} \tag{2-5}$$

引理 2.4[23] 设 $A \in \mathbb{R}^{n\times n}$ 为非负矩阵，若矩阵 A 同时为行随机本原矩阵，则有 $\lim\limits_{k\to\infty} A^k = \mathbf{1}v^{\mathrm{T}}$。其中，$v>0$，是列向量，满足 $\mathbf{1}^{\mathrm{T}}v=1$。

引理 2.5[31] 任意给定一整数 $N\geqslant 2$，存在 N 个正定矩阵 M_1，…，M_N，以及 N 个向量 v_1，…，v_N，则下式成立：

$$\left(\sum_{i=1}^{N} M_i v_i\right)^{\mathrm{T}} \left(\sum_{i=1}^{N} M_i\right)^{-1} \left(\sum_{i=1}^{N} M_i v_i\right) \leqslant \sum_{i=1}^{N} v_i^{\mathrm{T}} M_i v_i \tag{2-6}$$

引理 2.6 随机稳定性引理[119] 假设 $\boldsymbol{\xi}_k$ 为一任意维数的随机过程，$V(\boldsymbol{\xi}_k)$ 为与之对应的另一随机过程，并且存在实数 $v_{\min}>0$、$v_{\max}>0$、$\mu>0$ 和 $0<\lambda\leqslant 1$ 使得对 $\forall k$ 有

$$v_{\min}\|\boldsymbol{\xi}_k\|^2 \leqslant V(\boldsymbol{\xi}_k) \leqslant v_{\max}\|\boldsymbol{\xi}_k\|^2 \tag{2-7}$$

$$\mathbb{E}\{V(\boldsymbol{\xi}_k) \mid \boldsymbol{\xi}_{k-1}\} - V(\boldsymbol{\xi}_{k-1}) \leqslant \mu - \lambda V(\boldsymbol{\xi}_{k-1}) \tag{2-8}$$

则该随机过程在均方意义下是指数有界的，即

$$\mathbb{E}\{\|\boldsymbol{\xi}_k\|^2\} \leqslant \frac{v_{\max}}{v_{\min}}\mathbb{E}\{\|\boldsymbol{\xi}_0\|^2\}(1-\lambda)^k + \frac{\mu}{v_{\min}}\sum_{i=1}^{k-1}(1-\lambda)^i \tag{2-9}$$

引理 2.7[120] 当 $k\geqslant 0$ 时，假定 $X=X^{\mathrm{T}}>0$，$f_k(X)=f_k^{\mathrm{T}}(X)\in\mathbb{R}^{n\times n}$ 及 $g_k(X)=g_k^{\mathrm{T}}(X)\in\mathbb{R}^{n\times n}$ 成立，如果存在 $Y=Y^{\mathrm{T}}\geqslant X$ 使得如下两式成立：

$$f_k(Y) \geqslant f_k(X) \tag{2-10}$$

$$g_k(Y) \geqslant f_k(Y) \tag{2-11}$$

那么，下列差分方程的解 A_k 和 B_k 满足 $A_k\leqslant B_k$：

$$A_{k+1} = f_k(A_k), B_{k+1} = g_k(B_k), A_0 = B_0 > 0 \tag{2-12}$$

引理 2.8 令 $\mathcal{P}=\{P_l,\ l\geqslant 1\}$ 为一个具有同类型的 Scrambling 行随机矩阵的

集合，那么对于任意一组矩阵序列 $\boldsymbol{P}_1$，$\boldsymbol{P}_2$，…，$\boldsymbol{P}_l \in \mathcal{P}$，它的乘积 $\boldsymbol{P}_1\boldsymbol{P}_2\cdots\boldsymbol{P}_l$ 也是 Scrambling 矩阵，且存在一个行向量 $\boldsymbol{w}$ 使得

$$\lim_{l\to\infty}\boldsymbol{P}_1\boldsymbol{P}_2\cdots\boldsymbol{P}_l=\boldsymbol{1w} \tag{2-13}$$

证明 首先证明序列 $\boldsymbol{P}_1$，$\boldsymbol{P}_2$，…，$\boldsymbol{P}_l$ 的子积矩阵 $\boldsymbol{P}_1\boldsymbol{P}_2\cdots\boldsymbol{P}_{N-1}$ 是 Scrambling 矩阵。因为 $\mathcal{P}$ 是相同类型的 Scrambling 矩阵，所以以上结论通过 Scrambling 矩阵的定义不难得出。

接下来，要证明这样的一个 Scrambling 矩阵序列的乘积是收敛的。简便起见，先介绍随机矩阵 $\boldsymbol{P}$ 的遍历性指数：

$$\phi(\boldsymbol{P}) = 1-\min_{i,j}\sum_{k=1}^{n}\min(p_{i,k},p_{j,k}) \tag{2-14}$$

观察式（2-14）得出，$1>\phi$（$\boldsymbol{P}$）$\geqslant 0$（当且仅当矩阵 $\boldsymbol{P}$ 的所有行都是相同的，有 ϕ（$\boldsymbol{P}$）$=0$）。

一方面，因为 $\prod_{l=1}^{\infty}\boldsymbol{P}_l$ 是一个 Scrambling 矩阵，得出

$$\phi\left(\prod_{l=1}^{\infty}\boldsymbol{P}_l\right)\geqslant 0 \tag{2-15}$$

另一方面，根据 Chen 的结果[121]，有

$$\phi(\boldsymbol{AB})\leqslant\phi(\boldsymbol{A})\phi(\boldsymbol{B})$$

因此可得到

$$\phi\left(\prod_{l=1}^{\infty}\boldsymbol{P}_l\right)\leqslant\prod_{l=1}^{\infty}\phi(\boldsymbol{P}_l)$$

因为 $0\leqslant\phi(\boldsymbol{P}_l)<l$，当 $l\to\infty$，有

$$\phi\left(\prod_{l=1}^{\infty}\boldsymbol{P}_l\right)\leqslant 0 \tag{2-16}$$

至此，比较式（2-15）和式（2-16）的结果得到

$$\phi\left(\prod_{l=1}^{\infty}\boldsymbol{P}_l\right)=0 \tag{2-17}$$

这表明 Scrambling 矩阵序列的无限乘积会收敛到一个有相同行的矩阵，即

$$\lim_{l\to\infty}\boldsymbol{P}_l\cdots\boldsymbol{P}_2\boldsymbol{P}_1=\boldsymbol{1w} \tag{2-18}$$

证明完毕。

2.4　本章小结

本章介绍了面向传感器网络的一致性卡尔曼滤波所需的基础知识和基本概念，包括有向图和无向图基本概念、可观性和可检性的定义及一些必要的定义与引理等。这些基础知识和基本概念将为后续章节的学习提供基础。

第3章　一致性卡尔曼滤波误差协方差一致有界性

3.1　前言

在随机滤波算法的设计过程中，其估计误差协方差矩阵的有界性对算法的可靠性起着重要作用[6]。对于时不变系统，一个稳定的滤波算法则要求其误差协方差收敛到一个稳定值。对于时变系统，则要求其对应的协方差矩阵是一致有界的。这是因为误差协方差是一致有界的，那么就可以保证所采用的滤波器是非发散的[119,122,123]。在大多关于卡尔曼滤波稳定性分析的文献中，如本书参考文献[118，123]，误差协方差的一致有界性通常被当作一个前提条件。然而，由于误差协方差是在滤波器执行过程中产生的，该条件成立与否是很难提前检验的。

同样，在一致性卡尔曼滤波器设计过程中，一个有趣的学术问题是如何设计滤波器，使得其误差协方差是收敛的或存在一致的上下界。近10年，这一问题的研究已取得一系列进展[19,31,32,34,71,98-100]。值得注意的是，它们的结论只适用于线性时不变系统。而对于线性时变系统，相应的结论还较少。因此，本章利用作者针对时变系统的一致性卡尔曼滤波算法的误差协方差一致有界性问题的部分研究成果[101]，来充实这一领域的研究。

本章的主要内容如下：

1)对于时变分布式状态估计系统，提出一个新颖的共同一致完全可观性概念。与已有的面向传感器网络的可观性（可检性）条件相比，该条件具有更少的保守性。

2)针对CI、CM和HCICM这三类重要的一致性卡尔曼滤波算法，分别给出了保证其误差协方差一致有界性的条件，并得到了它们一致上下界的具体表达形式。

3.2　系统模型

考虑下列离散时间线性随机系统：

$$\boldsymbol{x}_k=\boldsymbol{F}_{k-1}\boldsymbol{x}_{k-1}+\boldsymbol{w}_k \tag{3-1}$$

$$\boldsymbol{z}_k^i=\boldsymbol{H}_k^i\boldsymbol{x}_k+\boldsymbol{v}_k^i \qquad i\in\mathcal{N} \tag{3-2}$$

式中，$\boldsymbol{x}_k\in\mathbb{R}^n$，为状态向量；$z_k^i\in\mathbb{R}^m$，为第 i 个节点的测量值；$\boldsymbol{F}_{k-1}$ 与 $\boldsymbol{H}_k^i$ 分别为具有合适维数的系统矩阵和测量矩阵；$\boldsymbol{w}_k\in\mathbb{R}^n$ 和 $\boldsymbol{v}_k^i\in\mathbb{R}^m$，分别为过程噪声和测量噪声序列，它们是不相关的，均值为 0，并且协方差分别为 $\boldsymbol{Q}_{k-1}$ 和 $\boldsymbol{R}_k^i$ 的高斯白噪声序列。

传感器网络是通过 N 个传感器节点组成的，它们依无向图 $\mathcal{G}=(\mathcal{N},\ \mathcal{E})$ 拓扑结构连接。其中，$\mathcal{N}=\{1,\ 2,\ \cdots,\ N\}$，为所有传感器节点的集合；$\mathcal{E}$ 为节点间连接关系的集合。$(i,\ j)\in\mathcal{E}$ 表示节点 j 能接收到来自节点 i 的信息。进而，如果把节点 i 包含在其邻居节点中，那么把节点 i 的邻居记为$\mathcal{N}_i$（$\mathcal{N}_i=\{j\mid(j,\ i)\in\mathcal{E}\}$），否则记为$\mathcal{N}_i\setminus\{i\}$。

对于传感器网络中每个节点 i，通过卡尔曼滤波算法获得均方意义下最优的局部状态估计。其对应的预测步状态估计 $\hat{\boldsymbol{x}}_{k|k-1}^i$ 和误差协方差 $\boldsymbol{P}_{k|k-1}^i$ 通过下式得出：

$$\hat{\boldsymbol{x}}_{k|k-1}^i=\boldsymbol{F}_{k-1}\hat{\boldsymbol{x}}_{k-1}^i \tag{3-3}$$

$$\boldsymbol{P}_{k|k-1}^i=\boldsymbol{F}_{k-1}\boldsymbol{P}_{k-1}^i\boldsymbol{F}_{k-1}^{\mathrm{T}}+\boldsymbol{Q}_{k-1} \tag{3-4}$$

接着，通过以下标准方程计算更新后的估计值 $\hat{\boldsymbol{x}}_k^i$、误差协方差 $\boldsymbol{P}_k^i$ 及卡尔曼增益 $\boldsymbol{K}_k^i$：

$$\hat{\boldsymbol{x}}_k^i=\hat{\boldsymbol{x}}_{k|k-1}^i+\boldsymbol{K}_k^i\left(z_k^i-\boldsymbol{H}_k^i\hat{\boldsymbol{x}}_{k|k-1}^i\right) \tag{3-5}$$

$$\boldsymbol{P}_k^i=\left[(\boldsymbol{P}_{k|k-1}^i)^{-1}+(\boldsymbol{H}_k^i)^{\mathrm{T}}(\boldsymbol{R}_k^i)^{-1}\boldsymbol{H}_k^i\right]^{-1} \tag{3-6}$$

$$\boldsymbol{K}_k^i=\boldsymbol{P}_{k|k-1}^i(\boldsymbol{H}_k^i)^{\mathrm{T}}[\boldsymbol{H}_k^i\boldsymbol{P}_{k|k-1}^i(\boldsymbol{H}_k^i)^{\mathrm{T}}+\boldsymbol{R}_k^i]^{-1} \tag{3-7}$$

3.3 基于信息一致的一致性卡尔曼滤波

在分布式传感器网络中，节点通常需要与邻居节点交互信息来克服自身信息的局限性，从而达到更优的局部状态估计。事实上，一致性滤波算法已经被证明是用来处理这类问题的有效方法。不难发现，很多一致性滤波算法已经被成功地提出[14,18,20,31,32,34,35,37,90,124,125]。本节将重点介绍基于信息一致的一致性卡尔曼滤波（简称 CI 型一致性卡尔曼滤波）[31]，后面的章节将给出其误差协方差一致有界性的条件。CI 型一致性卡尔曼滤波算法的主要目的是对任意节点的信息矩阵和信息向量在任意时刻同时执行一定次数的融合以达到一致的状态估计。详细的算法步骤见算法 3.1。

算法 3.1　CI 型一致性卡尔曼滤波

步骤	内容
1	通过式(3-5)和式(3-6)对每一个节点 $i\in\mathcal{N}$,计算状态估计 $\hat{\boldsymbol{x}}_k^i$ 和误差协方差 $\boldsymbol{P}_k^i$
2	引入信息矩阵 $\boldsymbol{\Omega}_k^i\triangleq(\boldsymbol{P}_k^i)^{-1}$ 和信息向量 $\boldsymbol{q}_k^i\triangleq(\boldsymbol{P}_k^i)^{-1}\hat{\boldsymbol{x}}_k^i$,将它们初始化为 $\boldsymbol{\Omega}_k^i(0)\triangleq\boldsymbol{\Omega}_k^i$ 和 $\boldsymbol{q}_k^i(0)\triangleq\boldsymbol{q}_k^i$
3	对信息对$(\boldsymbol{\Omega}_k^i,\boldsymbol{q}_k^i)$执行 L 步信息一致性算法: $$\boldsymbol{\Omega}_k^i(\ell+1)=\sum_{j\in\mathcal{N}_i}\pi^{i,j}\boldsymbol{\Omega}_k^j(\ell)\qquad \ell=0,1,\cdots,L-1 \qquad (3-8)$$ $$\boldsymbol{q}_k^i(\ell+1)=\sum_{j\in\mathcal{N}_i}\pi^{i,j}\boldsymbol{q}_k^j(\ell)\qquad \ell=0,1,\cdots,L-1 \qquad (3-9)$$ 式中,$\pi^{i,j}$ 为融合权重,满足 $\sum_{j\in\mathcal{N}_i}\pi^{i,j}=1,\forall i\in\mathcal{N}$,同时是权重矩阵 $\boldsymbol{\Pi}$ 的第 i,j 项元素。如果 $j\in\mathcal{N}_i$,则 $\pi^{i,j}\in(0,1)$;如果 $j\notin\mathcal{N}_i$,则 $\pi^{i,j}=0$
4	设 $L=\ell+1$,获得更新后的估计值: $$\boldsymbol{P}_k^i=[\boldsymbol{\Omega}_k^i(L)]^{-1},\quad \hat{\boldsymbol{x}}_k^i=\boldsymbol{P}_k^i\boldsymbol{q}_k^i(L) \qquad (3-10)$$
5	根据式(3-3)和式(3-4)执行预测步: $$\hat{\boldsymbol{x}}_{k+1\mid k}^i=\boldsymbol{F}_k\hat{\boldsymbol{x}}_k^i,\quad \boldsymbol{P}_{k+1\mid k}^i=\boldsymbol{F}_k\boldsymbol{P}_k^i\boldsymbol{F}_k^{\mathrm{T}}+\boldsymbol{Q}_k$$

3.4　共同一致完全可观性

对于分布式系统的可观性和可检性问题，Olfati-Saber、Stankov 和 Sijs 等学者要求系统对传感器网络的每个节点而言都是可检的[34,71,99]，即对每个节点 $i\in\mathcal{N}$，$(\boldsymbol{F}_k,\ \boldsymbol{H}_k^i)$ 都是可检的。这种情形称为*局部可检性*。由于每个传感器节点只能感知到待估计状态的有限信息，因此局部可检性的条件具有较大的约束性。不同的是，与 Ugrinovskii 和 Battistelli 等学者的工作一样[19,31,32]，本节考虑分布式系统对整个网络而言是可观的或可检的，即共同（一致）可观，这就比相应的局部可观性或可检性条件少了一些限制。

在传感器网络环境中，基于一致完全可观性的定义[126]，发展出共同一致完全可观性的定义。

定义 3.1　共同一致完全可观性　如果存在整数 $1\leqslant m<\infty$ 和常数 $0<\beta_1\leqslant\beta_2<\infty$，使得 Gramian 矩阵对所有 $k\geqslant m$ 满足下列不等式，则式（3-1）和式（3-2）的

系统称为共同一致完全可观的：

$$\beta_1 \boldsymbol{I}_n \leqslant \sum_{l=k-m}^{k} \boldsymbol{\phi}^{\mathrm{T}}(l,k) \boldsymbol{H}_l^{\mathrm{T}} \boldsymbol{R}_l^{-1} \boldsymbol{H}_l \boldsymbol{\phi}(l,k) \leqslant \beta_2 \boldsymbol{I}_n \tag{3-11}$$

式中，$\boldsymbol{H}_l \triangleq \mathrm{col}\{\boldsymbol{H}_l^i\}_{i\in\mathcal{N}}$；$\boldsymbol{R}_l \triangleq \mathrm{diag}\{\boldsymbol{R}_l^1, \cdots, \boldsymbol{R}_l^N\}$；$\boldsymbol{\phi}(k, k)=\boldsymbol{I}_n$；并且有

$$\boldsymbol{\phi}(l,k)=(\boldsymbol{F}_l)^{-1}(\boldsymbol{F}_{l+1})^{-1}\cdots(\boldsymbol{F}_{k-1})^{-1} \tag{3-12}$$

注释 3.1　观察定义 3.1 不难得出，对式（3-1）和式（3-2）的分布式系统，共同一致完全可观性条件比每个节点都满足一致完全可观性条件（局部一致完全可观性）要弱。即，共同一致完全可观性条件满足时，每个节点不一定都是可观的。但如果每个节点都是可观的，那么该系统必满足共同一致完全可观性。

接下来，需要作出如下三个假设。

假设 3.1　存在实数 $\underline{f}$，$\bar{f}$，$\bar{h}\neq 0$ 和正实数 $\underline{q}$，$\bar{q}$，$\underline{r}>0$，对所有的 $k\geqslant 0$，$i\in\mathcal{N}$，下述有界性条件都成立：

$$\underline{f}^2 \boldsymbol{I}_n \leqslant \boldsymbol{F}_k \boldsymbol{F}_k^{\mathrm{T}} \leqslant \bar{f}^2 \boldsymbol{I}_n \tag{3-13}$$

$$\boldsymbol{H}_k^i (\boldsymbol{H}_k^i)^{\mathrm{T}} \leqslant \bar{h}^2 \boldsymbol{I}_m \tag{3-14}$$

$$\underline{q} \boldsymbol{I}_n \leqslant \boldsymbol{Q}_k \leqslant \bar{q} \boldsymbol{I}_n \tag{3-15}$$

$$\underline{r} \boldsymbol{I}_m \leqslant \boldsymbol{R}_k^i \tag{3-16}$$

假设 3.2　初始的误差协方差矩阵 $\boldsymbol{P}_0^i$（$i\in\mathcal{N}$）是半正定矩阵。

假设 3.3　在第 L 步一致性融合后，一致性权重矩阵 $\boldsymbol{\Pi}_L$（$\boldsymbol{\Pi}_L=(\boldsymbol{\Pi})^L$）的元素 $\pi_L^{i,j}$ 是有界的，即存在正实数 $\underline{\pi_L}$ 和 $\overline{\pi_L}$ 使得 $\pi_L^{i,j}$ 满足 $0<\underline{\pi_L}<\pi_L^{i,j}<\overline{\pi_L}<1$。

注释 3.2　本章之所以研究共同一致完全可观性而没有研究共同一致完全可检性，是为了简化下面的分析。事实上，如果一个系统是可观的，则它一定是可检的[127]。

注释 3.3　$\boldsymbol{F}_{k-1}^{-1}$ 的存在性可通过式（3-13）得到保证。虽然 $\boldsymbol{F}_k$ 的可逆假设是有限制的，但它不失一般性。这是因为对于一种常见的离散时间系统——

采样数据系统，$\boldsymbol{F}_k$ 是通过对连续时间系统离散化而得出，因此 $\boldsymbol{F}_k^{-1}$ 的存在性是自动满足的。另外，在讨论可观性及误差协方差有界性等问题中，$\boldsymbol{F}_k^{-1}$ 的存在性是一个必不可少的假设，该假设已广泛用于离散时间卡尔曼滤波的稳定性分析过程[31,32,71,98-100,126]。

3.5 误差协方差下界

定理3.1 假设式（3-1）和式（3-2）的线性随机系统采用一致性卡尔曼滤波算法3.1，同时假设3.1~假设3.3成立，则始终存在一个常数 $\underline{p}>0$ 使得对所有的 $k>0$，$i\in\mathcal{N}$，滤波算法误差协方差满足：

$$\underline{p}\boldsymbol{I}_n \leqslant \boldsymbol{P}_k^i \tag{3-17}$$

这里

$$\underline{p}=\left(\frac{1}{\underline{q}}+\frac{\bar{h}^2}{\underline{r}}\right)^{-1}$$

证明 综合式（3-6）、式（3-8）和式（3-10），可以得到

$$\begin{aligned}(\boldsymbol{P}_k^i)^{-1}=\sum_{j\in\mathcal{N}}\pi_L^{i,j}(\boldsymbol{P}_k^j)^{-1}=&\sum_{j\in\mathcal{N}}\pi_L^{i,j}(\boldsymbol{P}_{k|k-1}^j)^{-1}+\\&\sum_{j\in\mathcal{N}}\pi_L^{i,j}(\boldsymbol{H}_k^j)^{\mathrm{T}}(\boldsymbol{R}_k^j)^{-1}\boldsymbol{H}_k^j\end{aligned}\tag{3-18}$$

进而，利用矩阵逆引理，式（3-4）可写为

$$\begin{aligned}(\boldsymbol{P}_{k|k-1}^j)^{-1}&=\boldsymbol{Q}_{k-1}^{-1}-\boldsymbol{Q}_{k-1}^{-1}\boldsymbol{F}_{k-1}\left[(\boldsymbol{P}_{k-1}^j)^{-1}+\boldsymbol{F}_{k-1}^{\mathrm{T}}\boldsymbol{Q}_{k-1}^{-1}\boldsymbol{F}_{k-1}\right]^{-1}\boldsymbol{F}_{k-1}^{\mathrm{T}}\boldsymbol{Q}_{k-1}^{-1}\\&\leqslant\boldsymbol{Q}_{k-1}^{-1}\end{aligned}\tag{3-19}$$

最后，将式（3-19）代入式（3-18），同时考虑 $\sum_{j\in\mathcal{N}}\pi_L^{i,j}=1$，可以导出

$$(\boldsymbol{P}_k^i)^{-1}\leqslant\boldsymbol{Q}_{k-1}^{-1}+\sum_{j\in\mathcal{N}}\pi_L^{i,j}(\boldsymbol{H}_k^j)^{\mathrm{T}}(\boldsymbol{R}_k^j)^{-1}\boldsymbol{H}_k^j\leqslant\left(\frac{1}{\underline{q}}+\frac{\bar{h}^2}{\underline{r}}\right)\boldsymbol{I}_n \tag{3-20}$$

即

$$\boldsymbol{P}_k^i\geqslant\left(\frac{1}{\underline{q}}+\frac{\bar{h}^2}{\underline{r}}\right)^{-1}\boldsymbol{I}_n\triangleq\underline{p}\boldsymbol{I}_n \tag{3-21}$$

式中，$\underline{p}=\left(\frac{1}{\underline{q}}+\frac{\overline{h}^2}{\underline{r}}\right)^{-1}$。可见，总存在一个下界 $\underline{p}>0$，对所有 $k>0$，$i\in\mathcal{N}$ 使得误差协方差矩阵 $\boldsymbol{P}_k^i$ 满足

$$\underline{\boldsymbol{P}}\triangleq\underline{p}\boldsymbol{I}_n\leqslant\boldsymbol{P}_k^i \tag{3-22}$$

证明完毕。

注释 3.4　在定理3.1的证明过程中，下界的导出并不需要用到共同一致完全可观性的条件。事实上，还存在其他的方法来获得这样的一个下界，如误差协方差的 Carmér-Rao 下界[118]，分布式滤波器所对应的集中式卡尔曼滤波器误差协方差的下界[32]。

3.6　误差协方差上界

为了导出上界，需要引出以下引理。

引理 3.1　在假设3.1和假设3.3的条件下，考虑一致性卡尔曼滤波算法3.1，存在实常数 $0<\alpha<1$，使得对所有的 $k>0$，$i\in\mathcal{N}$，其误差协方差矩阵满足下式：

$$(\boldsymbol{P}_{k+1|k}^i)^{-1}\geqslant\alpha(\boldsymbol{F}_k^{-1})^{\mathrm{T}}(\boldsymbol{P}_k^i)^{-1}\boldsymbol{F}_k^{-1} \tag{3-23}$$

其中

$$\alpha=\left(1+\frac{\overline{q}\,\underline{r}+\overline{q}\,\underline{q}\,\overline{h}^2}{\underline{q}\,\underline{r}\,\underline{f}^2}\right)^{-1}$$

证明　对于时不变系统，α 的存在性已由 Battistelli 给出[31]。这里致力于找到一个适用于时变系统的常量 α，并给出其具体的表达形式。

首先，对任意时刻 $k>0$，式（3-4）可以写为

$$\begin{aligned}(\boldsymbol{P}_{k+1|k}^i)^{-1}&=(\boldsymbol{F}_k\boldsymbol{P}_k^i\boldsymbol{F}_k^{\mathrm{T}}+\boldsymbol{Q}_k)^{-1}\\&=(\boldsymbol{F}_k\boldsymbol{P}_k^i\boldsymbol{F}_k^{\mathrm{T}}+\boldsymbol{F}_k\boldsymbol{F}_k^{-1}\boldsymbol{Q}_k(\boldsymbol{F}_k^{-1})^{\mathrm{T}}\boldsymbol{F}_k^{\mathrm{T}})^{-1}\\&=(\boldsymbol{F}_k^{-1})^{\mathrm{T}}(\boldsymbol{P}_k^i+\boldsymbol{F}_k^{-1}\boldsymbol{Q}_k(\boldsymbol{F}_k^{-1})^{\mathrm{T}})^{-1}\boldsymbol{F}_k^{-1}\end{aligned} \tag{3-24}$$

进而，由假设3.1，可以得出

$$\boldsymbol{F}_k^{-1}\boldsymbol{Q}_k(\boldsymbol{F}_k^{-1})^{\mathrm{T}}\leqslant\frac{\bar{q}}{\underline{f}^2}\boldsymbol{I}_n \tag{3-25}$$

根据定理3.1中的结论，有

$$\left(\frac{1}{\underline{q}}+\frac{\bar{h}^2}{\underline{r}}\right)^{-1}\boldsymbol{I}_n\leqslant\boldsymbol{P}_k^i \tag{3-26}$$

下一步是寻找一个正的常数γ，使下式成立，即

$$\boldsymbol{F}_k^{-1}\boldsymbol{Q}_k(\boldsymbol{F}_k^{-1})^{\mathrm{T}}\leqslant\gamma\boldsymbol{P}_k^i \tag{3-27}$$

观察式（3-25）和式（3-26），可建立关系，即

$$\frac{\bar{q}}{\underline{f}^2}=\gamma\left(\frac{1}{\underline{q}}+\frac{\bar{h}^2}{\underline{r}}\right)^{-1} \tag{3-28}$$

并得到一常量，即

$$\gamma=\left(\frac{1}{\underline{q}}+\frac{\bar{h}^2}{\underline{r}}\right)\frac{\bar{q}}{\underline{f}^2} \tag{3-29}$$

其满足式（3-27）。

再而，将式（3-27）代入式（3-24），可得

$$\begin{aligned}(\boldsymbol{P}_{k+1|k}^i)^{-1}&\geqslant(\boldsymbol{F}_k^{-1})^{\mathrm{T}}(\boldsymbol{P}_k^i+\gamma\boldsymbol{P}_k^i)^{-1}\boldsymbol{F}_k^{-1}\\&=(1+\gamma)^{-1}(\boldsymbol{F}_k^{-1})^{\mathrm{T}}(\boldsymbol{P}_k^i)^{-1}\boldsymbol{F}_k^{-1}\end{aligned} \tag{3-30}$$

最后，通过设定$\alpha\triangleq(1+\gamma)^{-1}=\left(1+\frac{\bar{q}\,\underline{r}+\bar{q}\,\underline{q}\,\bar{h}^2}{\underline{q}\,\underline{r}\,\underline{f}^2}\right)^{-1}$，引理得以证明。

定理3.2 若式（3-1）和式（3-2）的线性随机系统满足共同一致完全可观性条件，且假设3.1和假设3.3成立，则一定存在$\bar{p}>0$对所有$k>0$，$i\in\mathcal{N}$，使得一致性卡尔曼滤波算法3.1的估计误差协方差矩阵$\boldsymbol{P}_k^i$满足：

$$\boldsymbol{P}_k^i\leqslant\bar{p}\boldsymbol{I}_n \tag{3-31}$$

其中

$$\bar{p}=\max\left\{\bar{p}_0\bar{f}^{2k}+\bar{q}\sum_{n=0}^{k-1}\bar{f}^{2n},\frac{1}{\underline{\alpha\pi\beta}_1},k=1,2,\cdots,m-1\right\} \tag{3-32}$$

式中，$\bar{p}_0=\max\{\lambda_{\max}(\boldsymbol{P}_0^i),\ i\in\mathcal{N}\}$；$\underline{\alpha}=\alpha^m$；$\underline{\pi}=\pi_L^{m+1}$。

证明　因为该证明要用到共同一致完全可观性条件，而这一条件至少需要 m 步来构建可观性 Gramian 矩阵，因此这个证明需要考虑两种情形：第一种情形是 $0<k<m$，此时误差协方差矩阵的上界可以通过数学归纳法来求出；第二种情形是 $k\geqslant m$，此时上界可以应用共同一致完全可观性条件得出。

情形1　$0<k<m$。简便起见，把卡尔曼滤波的误差协方差矩阵方程写成一步形式：

$$\boldsymbol{P}_{k+1}^i=\left[(\boldsymbol{F}_k\boldsymbol{P}_k^i\boldsymbol{F}_k^{\mathrm{T}}+\boldsymbol{Q}_k)^{-1}+(\boldsymbol{H}_{k+1}^i)^{\mathrm{T}}(\boldsymbol{R}_{k+1}^i)^{-1}\boldsymbol{H}_{k+1}^i\right]^{-1} \tag{3-33}$$

接下来，首先使用数学归纳法证明进行断言。

断言　一致性卡尔曼滤波算法3.1中的误差协方差 $\boldsymbol{P}_k^i$ 满足下式：

$$\boldsymbol{P}_k^i\leqslant\bar{p}_k\boldsymbol{I}_n\quad 0<k<m \tag{3-34}$$

上述断言的证明可以分为初始步和归纳步。

<u>*初始步*</u>　对于 $l=0$，由于 $\boldsymbol{P}_0^i$ 是半正定矩阵，有

$$\boldsymbol{P}_0^i\leqslant\lambda_{\max}(\boldsymbol{P}_0^i)\boldsymbol{I}_n$$

显然，可以找到一个 $\bar{p}_0=\max\{\lambda_{\max}(\boldsymbol{P}_0^i),\ i\in\mathcal{N}\}$，使得 $\boldsymbol{P}_0^i\leqslant\bar{p}_0\boldsymbol{I}_n$ 成立。

对于 $l=1$，由式（3-33）可以得到

$$\boldsymbol{P}_1^i(0)=[(\boldsymbol{F}_0\boldsymbol{P}_0^i\boldsymbol{F}_0^{\mathrm{T}}+\boldsymbol{Q}_0)^{-1}+(\boldsymbol{H}_1^i)^{\mathrm{T}}(\boldsymbol{R}_1^i)^{-1}\boldsymbol{H}_1^i]^{-1} \tag{3-35}$$

进而，由假设3.1，可以得到

$$\boldsymbol{0}\leqslant(\boldsymbol{H}_1^i)^{\mathrm{T}}(\boldsymbol{R}_1^i)^{-1}\boldsymbol{H}_1^i\leqslant\frac{\bar{h}^2}{\underline{r}}\boldsymbol{I}_n \tag{3-36}$$

$$(\bar{p}_0\bar{f}^2+\bar{q})^{-1}\boldsymbol{I}_n\leqslant(\boldsymbol{F}_0\boldsymbol{P}_0^i\boldsymbol{F}_0^{\mathrm{T}}+\boldsymbol{Q}_0)^{-1} \tag{3-37}$$

综合式（3-35）~式（3-37），可以得出

$$\boldsymbol{P}_1^i(0)\leqslant\bar{p}_1\boldsymbol{I}_n \tag{3-38}$$

式中，$\bar{p}_1=\overline{p_0}\bar{f}^2+\bar{q}$。

L 步一致性融合后，得到

$$\boldsymbol{P}_1^i(L)=\Big(\sum_{j\in\mathcal{N}}\pi_L^{i,j}[\boldsymbol{P}_1^j(0)]^{-1}\Big)^{-1} \tag{3-39}$$

将式（3-38）代入式（3-39），导出

$$\boldsymbol{P}_1^i(L)\leqslant\Big[\sum_{j\in\mathcal{N}}\pi_L^{i,j}(\bar{p}_1\boldsymbol{I}_n)^{-1}\Big]^{-1}=\bar{p}_1\boldsymbol{I}_n \tag{3-40}$$

设 $\boldsymbol{P}_1^i(L)$ 为 $\boldsymbol{P}_1^i$，可以得到

$$\boldsymbol{P}_1^i\leqslant\bar{p}_1\boldsymbol{I}_n \tag{3-41}$$

对于 $l=2$，同理可得

$$\boldsymbol{P}_2^i\leqslant\bar{p}_2\boldsymbol{I}_n \tag{3-42}$$

式中，$\bar{p}_2=\overline{p_1}\bar{f}^2+\bar{q}$。

归纳步　在初始步，已经证明了断言在 $l=1$，2 时的正确性。下面，假设对于 $l=k$ 时断言是成立的，目标是证明当 $l=k+1$ 时断言同样是成立的。因为断言在 $l=k$ 时是成立的，即

$$\boldsymbol{P}_k^i\leqslant\bar{p}_k\boldsymbol{I}_n$$

当 $l=k+1$ 时，有

$$\boldsymbol{P}_{k+1}^i(0)=\Big[(\boldsymbol{F}_k\boldsymbol{P}_k^i(\boldsymbol{F}_k)^{\mathrm{T}}+\boldsymbol{Q}_k)^{-1}+(\boldsymbol{H}_{k+1}^i)^{\mathrm{T}}(\boldsymbol{R}_{k+1}^i)^{-1}\boldsymbol{H}_{k+1}^i\Big]^{-1}$$

采用与上述类似的方法，有

$$\boldsymbol{P}_{k+1}^i(0)\leqslant\bar{p}_{k+1}\boldsymbol{I}_n$$

式中，$\bar{p}_{k+1}=\bar{p}_k\bar{f}^2+\bar{q}$。进而，有

$$\boldsymbol{P}_{k+1}^i(L)\leqslant\bar{p}_{k+1}\boldsymbol{I}_n$$

将 $\boldsymbol{P}_{k+1}^i$（L）更新为 $\boldsymbol{P}_{k+1}^i$，得到

$$\boldsymbol{P}_{k+1}^i\leqslant\bar{p}_{k+1}\boldsymbol{I}_n$$

至此，断言的证明完毕。

沿着 $\bar{p}_{k+1}=\bar{p}_k\bar{f}^2+\bar{q}$ 的公式递推，得到 $\bar{p}_k=\bar{p}_0\bar{f}^{2k}+\bar{q}\sum_{n=0}^{k-1}\bar{f}^{2n}$。取 $\bar{p}'=\max\{\bar{p}_k$，

$k=1, \cdots, m-1\}$，对任一时刻$0<k<m$，均可得到$\boldsymbol{P}_k^i$的上界$\bar{p}'\boldsymbol{I}_n$，即

$$\boldsymbol{P}_k^i \leqslant \bar{p}'\boldsymbol{I}_n \quad 0<k<m$$

情形2　$k \geqslant m$。由式（3-18），得到

$$(\boldsymbol{P}_k^i)^{-1} = \sum_{j\in\mathcal{N}} \pi_L^{i,j} (\boldsymbol{P}_{k|k-1}^j)^{-1} + \sum_{j\in\mathcal{N}} \pi_L^{i,j} (\boldsymbol{H}_k^j)^{\mathrm{T}} (\boldsymbol{R}_k^j)^{-1} \boldsymbol{H}_k^j \tag{3-43}$$

应用引理3.1，有

$$(\boldsymbol{P}_k^i)^{-1} \geqslant \alpha \sum_{j\in\mathcal{N}} \pi_L^{i,j} (\boldsymbol{F}_{k-1}^{-1})^{\mathrm{T}} (\boldsymbol{P}_{k-1}^j)^{-1} \boldsymbol{F}_{k-1}^{-1} + \sum_{j\in\mathcal{N}} \pi_L^{i,j} (\boldsymbol{H}_k^j)^{\mathrm{T}} (\boldsymbol{R}_k^j)^{-1} \boldsymbol{H}_k^j \tag{3-44}$$

简便起见，对一自然数t，令$\boldsymbol{\Pi}_{L\times t} \triangleq (\boldsymbol{\Pi})^{tL}$，同时$\Pi_{L\times t} = [\pi_{L\times t}^{i,j}]$。继续从式（3-44）出发，得到

$$\begin{aligned}(\boldsymbol{P}_k^i)^{-1} \geqslant & \alpha (\boldsymbol{F}_{k-1}^{-1})^{\mathrm{T}} \Big[\sum_{j\in\mathcal{N}} \pi_L^{i,j} \Big(\alpha (\boldsymbol{F}_{k-2}^{-1})^{\mathrm{T}} \Big[\sum_{o\in\mathcal{N}} \pi_L^{j,o} (\boldsymbol{P}_{k-2}^o)^{-1} \Big] \boldsymbol{F}_{k-2}^{-1} + \\ & \sum_{o\in\mathcal{N}} \pi_L^{j,o} (\boldsymbol{H}_{k-1}^o)^{\mathrm{T}} \times (\boldsymbol{R}_{k-1}^o)^{-1} \boldsymbol{H}_{k-1}^o \Big) \Big] \boldsymbol{F}_{k-1}^{-1} + \sum_{j\in\mathcal{N}} \pi_L^{i,j} (\boldsymbol{H}_k^j)^{\mathrm{T}} (\boldsymbol{R}_k^j)^{-1} \boldsymbol{H}_k^j \\ = & \alpha^2 \boldsymbol{\phi}(k-2,k)^{\mathrm{T}} \Big[\sum_{j\in\mathcal{N}} \pi_{L\times 2}^{i,j} (\boldsymbol{P}_{k-2}^j)^{-1} \Big] \boldsymbol{\phi}(k-2,k) + \sum_{l=k-1}^{k} \alpha^{k-l} \boldsymbol{\phi}(l,k)^{\mathrm{T}} \times \\ & \Big[\sum_{j\in\mathcal{N}} \pi_{L\times(k-l+1)}^{i,j} (\boldsymbol{H}_l^j)^{\mathrm{T}} (\boldsymbol{R}_l^j)^{-1} \boldsymbol{H}_l^j \Big] \boldsymbol{\phi}(l,k)\end{aligned} \tag{3-45}$$

再继续往回递归m步，有

$$\begin{aligned}(\boldsymbol{P}_k^i)^{-1} \geqslant & \alpha^{m+1} \boldsymbol{\phi}(k-m-1,k)^{\mathrm{T}} \Big[\sum_{j\in\mathcal{N}} \pi_{L\times(m+1)}^{i,j} (\boldsymbol{P}_{k-m-1}^j)^{-1} \Big] \boldsymbol{\phi}(k-m-1,k) + \\ & \sum_{l=k-m}^{k} \alpha^{k-l} \boldsymbol{\phi}(l,k)^{\mathrm{T}} \Big[\sum_{j\in\mathcal{N}} \pi_{L\times(k-l+1)}^{i,j} (\boldsymbol{H}_l^j)^{\mathrm{T}} (\boldsymbol{R}_l^j)^{-1} \boldsymbol{H}_l^j \Big] \boldsymbol{\phi}(l,k)\end{aligned} \tag{3-46}$$

接下来，记$\underline{\alpha} \triangleq \alpha^m$，根据假设3.3，易得到一个关于$\pi_{L\times(k-l+1)}^{i,j}$在$k-m \leqslant l \leqslant k$时刻的下界，$\underline{\pi_L}^{m+1}$，并记为$\underline{\pi} = \underline{\pi_L}^{m+1}$。最后，由共同一致完全可观性条件，得到下述的不等式：

$$\begin{aligned}(\boldsymbol{P}_k^i)^{-1} \geqslant & \alpha^{m+1} \boldsymbol{\phi}(k-m-1,k)^{\mathrm{T}} \Big[\sum_{j\in\mathcal{N}} \pi_{L\times(m+1)}^{i,j} (\boldsymbol{P}_{k-m-1}^j)^{-1} \Big] \boldsymbol{\phi}(k-m-1,k) + \\ & \underline{\alpha\pi} \sum_{l=k-m}^{k} \boldsymbol{\phi}(l,k)^{\mathrm{T}} \Big[\sum_{j\in\mathcal{N}} (\boldsymbol{H}_l^j)^{\mathrm{T}} (\boldsymbol{R}_l^j)^{-1} \boldsymbol{H}_l^j \Big] \boldsymbol{\phi}(l,k) \\ \geqslant & \alpha^{m+1} \boldsymbol{\phi}(k-m-1,k)^{\mathrm{T}} \Big[\sum_{j\in\mathcal{N}} \pi_{L\times(m+1)}^{i,j} (\boldsymbol{P}_{k-m-1}^j)^{-1} \Big] \boldsymbol{\phi}(k-m-1,k) +\end{aligned}$$

$$\underline{\alpha}\pi\beta_1 \boldsymbol{I}_n \tag{3-47}$$

显然，由式（3-47）可知，存在一上界对所有的 $\boldsymbol{P}_k^i$ 在 $k \geqslant m$ 时刻均满足，即

$$\boldsymbol{P}_k^i \leqslant \frac{1}{\underline{\alpha}\pi\ \beta_1}\boldsymbol{I}_n \triangleq \bar{p}''\boldsymbol{I}_n \quad k \geqslant m \tag{3-48}$$

最后，令 $\bar{p} \triangleq \max\{\bar{p}', \bar{p}''\}$，即

$$\boldsymbol{P}_k^i \leqslant \bar{p}\boldsymbol{I}_n \quad k > 0 \tag{3-49}$$

证明完毕。

注释 3.5 为了导出误差协方差上界，Kluge 要求测量矩阵是可逆的[122]。显然该条件具有很强的保守性，但由于其分析过程中不可避免地用到测量矩阵的逆，因此它又是必不可少的。相似的假设可见于 Li 的工作[81,128]。不同的是，本节在证明过程中通过利用一个对任意时刻均满足的常量 α，便可舍掉测量矩阵是可逆的这一严苛的条件。

3.7 其他一致性卡尔曼滤波误差协方差的一致界问题

前面章节探讨了 CI 型一致性卡尔曼滤波的误差协方差一致界问题。然而在实际应用中，还会用到其他种类的一致性卡尔曼滤波算法，如 CM[35,125] 型和 HCICM[18,32] 型，而这些误差协方差一致有界性问题还有待进一步研究。本节将继续研究 CM 型和 HCICM 型一致性卡尔曼滤波算法的误差协方差一致界的存在性问题。表 3-1 所示的信息矩阵给出了这三种一致性卡尔曼滤波方法的区别与联系[32]。

表 3-1　CI、CM 和 HCICM 型一致性卡尔曼滤波的信息矩阵 $(\boldsymbol{P}_k^i)^{-1}$[101]

	$(\boldsymbol{P}_k^i)^{-1}$
CI	$\sum_{j\in\mathcal{N}} \pi_L^{i,j}(\boldsymbol{P}_{k\mid k-1}^j)^{-1} + \sum_{j\in\mathcal{N}} \pi_L^{i,j}(\boldsymbol{H}_k^j)^{\mathrm{T}}(\boldsymbol{R}_k^j)^{-1}\boldsymbol{H}_k^j$
CM	$(\boldsymbol{P}_{k\mid k-1}^i)^{-1} + \omega\sum_{j\in\mathcal{N}} \pi_L^{i,j}(\boldsymbol{H}_k^j)^{\mathrm{T}}(\boldsymbol{R}_k^j)^{-1}\boldsymbol{H}_k^j$ ①
HCICM	$\sum_{j\in\mathcal{N}} \pi_L^{i,j}(\boldsymbol{P}_{k\mid k-1}^j)^{-1} + \omega\sum_{j\in\mathcal{N}} \pi_L^{i,j}(\boldsymbol{H}_k^j)^{\mathrm{T}}(\boldsymbol{R}_k^j)^{-1}\boldsymbol{H}_k^j$

① 参数 ω 通常选为 $|\mathcal{N}|$，一种时变参数 ω_k 由 Battistelli 研究得出[32]，这里 ω_k 满足 $0<\underline{\omega}\leqslant\omega_k\leqslant\bar{\omega}$。

接下来，首先讨论 CM 型一致性卡尔曼滤波算法误差协方差一致有界性的条件。进而，把结论推广至 HCICM 型一致性卡尔曼滤波算法。注意，本章的主要目的是讨论误差协方差的界的问题，而对于滤波器一致性性能将不作额外考虑。此外，如果没有特殊说明，后面中出现的符号同前面一致。

定理 3.3　假设式（3-1）和式（3-2）的线性随机系统满足共同一致完全可观性且采用 CM 型一致性卡尔曼滤波算法，如果假设 3.1～假设 3.3 成立，则存在实数 $\underline{p}_{\mathrm{cm}}$，$\bar{p}_{\mathrm{cm}}>0$ 使得对于任意 $k>0$ 和 $i\in\mathcal{N}$ 有下式成立：

$$\underline{p}_{\mathrm{cm}}\boldsymbol{I}_n\leqslant\boldsymbol{P}_k^i\leqslant\bar{p}_{\mathrm{cm}}\boldsymbol{I}_n \tag{3-50}$$

其中

$$\underline{p}_{\mathrm{cm}}=\left(\frac{1}{\underline{q}}+\frac{\omega\bar{h}^2}{\underline{r}}\right)^{-1}$$

$$\bar{p}_{\mathrm{cm}}=\max\left\{\bar{p}_0\bar{f}^{2k}+\bar{q}\sum_{n=0}^{k-1}\bar{f}^{2n},\frac{1}{\omega\underline{\alpha}_{\mathrm{cm}}\underline{\pi}\beta_1},\quad k=1,2,\cdots,m-1\right\}$$

并且有 $\bar{p}_0=\max\{\lambda_{\max}(\boldsymbol{P}_0^i),\ i\in\mathcal{N}\}$，$\underline{\alpha}_{\mathrm{cm}}=\alpha_{\mathrm{cm}}^m$，$\alpha_{\mathrm{cm}}=\left(1+\dfrac{\bar{q}\,\underline{r}+\bar{q}\,\underline{q}\,\omega\bar{h}^2}{\underline{q}\,\underline{r}\,\underline{f}^2}\right)^{-1}$ 及 $\underline{\pi}=\pi_L^{m+1}$。

证明　首先，根据式（3-6）和表 3-1，得到 CM 型一致性卡尔曼滤波的信息矩阵为

$$\begin{aligned}(\boldsymbol{P}_k^i)^{-1}&=(\boldsymbol{P}_{k|k-1}^i)^{-1}+\omega\sum_{j\in\mathcal{N}}\pi_L^{i,j}(\boldsymbol{H}_k^j)^{\mathrm{T}}(\boldsymbol{R}_k^j)^{-1}\boldsymbol{H}_k^j\\&\leqslant\boldsymbol{Q}_{k-1}^{-1}+\omega\sum_{j\in\mathcal{N}}\pi_L^{i,j}(\boldsymbol{H}_k^j)^{\mathrm{T}}(\boldsymbol{R}_k^j)^{-1}\boldsymbol{H}_k^j\\&\leqslant\left(\frac{1}{\underline{q}}+\frac{\omega\bar{h}^2}{\underline{r}}\right)\boldsymbol{I}_n\end{aligned} \tag{3-51}$$

据此，不难得出误差协方差的下界，即

$$\boldsymbol{P}_k^i\geqslant\left(\frac{1}{\underline{q}}+\frac{\omega\bar{h}^2}{\underline{r}}\right)^{-1}\boldsymbol{I}_n\triangleq\underline{p}_{\mathrm{cm}}\boldsymbol{I}_n \tag{3-52}$$

进而，当 $0<k<m$ 时，同样使用数学归纳法，易得到一个实数 $\bar{p}'_{\mathrm{cm}}>0$ 使得

$$\boldsymbol{P}_k^i \leqslant \bar{p}'_{\mathrm{cm}}\boldsymbol{I}_n \quad 0<k<m \tag{3-53}$$

式中，$\bar{p}'_{\mathrm{cm}}=\{\bar{p}_0\bar{f}^{2k}+\bar{q}\sum_{n=0}^{k-1}\bar{f}^{2n},\ k=1,\ 2,\ \cdots,\ m-1\}$。

再而，当 $k\geqslant m$ 时，根据式（3-52）和引理 3.1，同样可以得到一个常数 $0<\alpha_{\mathrm{cm}}=\left(1+\dfrac{\bar{q}\,\underline{r}+\bar{q}\,\underline{q}\,\omega\bar{h}^2}{\underline{q}\,\underline{r}\,\underline{f}^2}\right)^{-1}<1$ 使得下列不等式成立：

$$\begin{aligned}(\boldsymbol{P}_k^i)^{-1}&=(\boldsymbol{P}_{k|k-1}^i)^{-1}+\omega\sum_{j\in\mathcal{N}}\pi_L^{i,j}(\boldsymbol{H}_k^j)^{\mathrm{T}}(\boldsymbol{R}_k^j)^{-1}\boldsymbol{H}_k^j\\&\geqslant\alpha_{\mathrm{cm}}(\boldsymbol{F}_{k-1}^{-1})^{\mathrm{T}}(\boldsymbol{P}_{k-1}^i)^{-1}\boldsymbol{F}_{k-1}^{-1}+\omega\sum_{j\in\mathcal{N}}\pi_L^{i,j}(\boldsymbol{H}_k^j)^{\mathrm{T}}(\boldsymbol{R}_k^j)^{-1}\boldsymbol{H}_k^j\\&\geqslant\alpha_{\mathrm{cm}}^2\boldsymbol{\phi}(k-2,k)^{\mathrm{T}}(\boldsymbol{P}_{k-2}^i)^{-1}\boldsymbol{\phi}(k-2,k)+\omega\sum_{l=k-1}^{k}\alpha_{\mathrm{cm}}^{k-l}\times\\&\quad\boldsymbol{\phi}(l,k)^{\mathrm{T}}\left[\sum_{j\in\mathcal{N}}\pi_{L\times(k-l+1)}^{i,j}(\boldsymbol{H}_l^j)^{\mathrm{T}}(\boldsymbol{R}_l^j)^{-1}\boldsymbol{H}_l^j\right]\boldsymbol{\phi}(l,k)\end{aligned} \tag{3-54}$$

递归 m 步有

$$\begin{aligned}(\boldsymbol{P}_k^i)^{-1}\geqslant&\ \alpha_{\mathrm{cm}}^{m+1}\boldsymbol{\phi}(k-m-1,k)^{\mathrm{T}}(\boldsymbol{P}_{k-m-1}^i)^{-1}\boldsymbol{\phi}(k-m-1,k)+\\&\omega\sum_{l=k-m}^{k}\alpha_{\mathrm{cm}}^{k-l}\boldsymbol{\phi}(l,k)^{\mathrm{T}}\left[\sum_{j\in\mathcal{N}}\pi_{L\times(k-l+1)}^{i,j}(\boldsymbol{H}_l^j)^{\mathrm{T}}(\boldsymbol{R}_l^j)^{-1}\boldsymbol{H}_l^j\right]\boldsymbol{\phi}(l,k)\end{aligned} \tag{3-55}$$

记 $\underline{\alpha}_{\mathrm{cm}}\triangleq\alpha_{\mathrm{cm}}^m$，$\underline{\pi}\triangleq\underline{\pi_L}^{m+1}$，根据共同一致完全可观性的条件与式（3-55），得到

$$\begin{aligned}(\boldsymbol{P}_k^i)^{-1}\geqslant&\ \alpha_{\mathrm{cm}}^{m+1}\boldsymbol{\phi}(k-m-1,k)^{\mathrm{T}}(\boldsymbol{P}_{k-m-1}^i)^{-1}\boldsymbol{\phi}(k-m-1,k)+\\&\omega\underline{\alpha}_{\mathrm{cm}}\underline{\pi}\,\beta_1\boldsymbol{I}_n\end{aligned} \tag{3-56}$$

显然，存在一上界对所有的 $\boldsymbol{P}_k^i$ 在 $k\geqslant m$ 时刻均满足，即

$$\boldsymbol{P}_k^i\leqslant\frac{1}{\omega\underline{\alpha}_{\mathrm{cm}}\underline{\pi}\,\beta_1}\boldsymbol{I}_n\triangleq\bar{p}''_{\mathrm{cm}}\boldsymbol{I}_n \tag{3-57}$$

最后，选择 $\bar{p}_{\mathrm{cm}}\triangleq\max\{\bar{p}'_{\mathrm{cm}},\ \bar{p}''_{\mathrm{cm}}\}$，同时结合式（3-52）即可完成定理的证明。

事实上，可以应用另一种方法来证明定理 3.2。注意到，CM 型一致性卡尔曼滤波的信息矩阵可以写为以下形式：

$$\begin{aligned}(\boldsymbol{P}_k^i)^{-1}&=(\boldsymbol{P}_{k|k-1}^i)^{-1}+\omega\sum_{j\in\mathcal{N}}\pi_L^{i,j}(\boldsymbol{H}_k^j)^{\mathrm{T}}(\boldsymbol{R}_k^j)^{-1}\boldsymbol{H}_k^j\\&=(\boldsymbol{P}_{k|k-1}^i)^{-1}+\boldsymbol{H}_k^{\mathrm{T}}\widetilde{\boldsymbol{R}}_k^{-1}\boldsymbol{H}_k\end{aligned} \tag{3-58}$$

式中，$\boldsymbol{H}_k=\mathrm{col}\{\boldsymbol{H}_k^i\}_{i\in\mathcal{N}}$；$\tilde{\boldsymbol{R}}_k=\mathrm{diag}\{(\omega\pi_L^{i,1})^{-1}\boldsymbol{R}_k^1,\ (\omega\pi_L^{i,2})^{-1}\boldsymbol{R}_k^2,\ \cdots,\ (\omega\pi_L^{i,N})^{-1}\boldsymbol{R}_k^N\}$。因此式（3-58）可解读为是一个具有测量矩阵 $\boldsymbol{H}_k$ 和协方差矩阵 $\tilde{\boldsymbol{R}}_k$ 的卡尔曼信息滤波器结构。进而，根据 Anderson 的结论[12]，如果系统是一致完全可观的（等价于本章提到的共同一致完全可观性条件），则相应的误差协方差 $\boldsymbol{P}_k^i$ 是一致有界的。

根据表 3-1 所示，显然 CI 型和 HCICM 型一致性卡尔曼滤波算法的不同仅体现在参数 ω 上。基于此，根据前面得到的 CI 型一致性卡尔曼滤波器的误差协方差一致有界性的结果，可以直接得到以下针对 HCICM 误差协方差的一致有界性的推论。

推论 3.1　假设式（3-1）和式（3-2）的线性随机系统满足共同一致完全可观性且采用 HCICM 型一致性卡尔曼滤波算法，如果假设 3.1~假设 3.3 成立，则存在实数 $\underline{p}_h>0$ 和 $\bar{p}_h>0$，使得其误差协方差矩阵 $\boldsymbol{P}_k^i$，对于任意 $k>0$ 和 $i\in\mathcal{N}$，有

$$\underline{p}_h\boldsymbol{I}_n\leqslant\boldsymbol{P}_k^i\leqslant\bar{p}_h\boldsymbol{I}_n \tag{3-59}$$

3.8　数值仿真

考虑带有 2 个传感器节点的线性时变系统（见式（3.1）和式（3.2）），系统和测量矩阵的参数设为

$$\boldsymbol{H}_k^1=[1+|\sin(k)|\ 0],\boldsymbol{H}_k^2=[0\quad 1+|\sin(k)|],$$
$$\boldsymbol{F}_k=\mathrm{diag}(1+|\sin(k)|,1+|\sin(k)|)$$
$$\underline{f}=\underline{h}=\underline{q}=\underline{r}=m=1,\bar{f}=\bar{h}=\bar{q}=\bar{r}=2$$

容易验证三元数组 $[\boldsymbol{F}_k,\ \boldsymbol{H}_k^1,\ \boldsymbol{R}_k^1]$ 和 $[\boldsymbol{F}_k,\ \boldsymbol{H}_k^2,\ \boldsymbol{R}_k^2]$ 均不满足完全一致可观性，但它们的集 $[\boldsymbol{F}_k,\ \boldsymbol{H}_k,\ \boldsymbol{R}_k]$（$\boldsymbol{H}_k=\mathrm{col}\{\boldsymbol{H}_k^i\}_{i=1,2}$，$\boldsymbol{R}_k=\mathrm{diag}\{\boldsymbol{R}_k^1,\ \boldsymbol{R}_k^2\}$）满足共同完全一致可观性。这意味着本章提出的共同完全一致可观性条件和 Olfati-Saber、Stankovi 和 Sijs 等学者所提到可观性条件一样具有更小的保守性[34,71,99]。

接下来，误差协方差的初始值设为 $\boldsymbol{P}_0^i=\boldsymbol{I}_2$，$i\in\mathcal{N}$。利用前面得到的结论，可以计算出 CI 型和 CM 型一致性卡尔曼滤波误差协方差的一致上下界的界值

（见表 3-2）。当 $\pi_L^{i,j}$，i，$j\in\mathcal{N}$ 接近 $1/|\mathcal{N}|$ 时，CM 型一致性卡尔曼滤波的一致界小于 CI 型一致性卡尔曼滤波的一致界。这是因为 CI 型的采用的是一个保守的方法去融合误差协方差，该方法假设各估计值之间的互相关性是完全未知的，而 CM 型的目的是尽可能地接近集中式卡尔曼滤波器的性能要求。

表 3-2　CI 型和 CM 型一致性卡尔曼滤波算法的一致上下界的数值

	ω	$\underline{p}$，$\underline{p}_{cm}$	α，α_{cm}	$\underline{\pi}$	$\overline{p}$，$\overline{p}_{cm}$
CI	—	0.2	0.0909	0.25	352
CM	2	0.1111	0.0526	0.25	304

3.9　本章小结

本章研究了三种重要类型的一致性卡尔曼滤波算法误差协方差的一致有界性的问题。得到的结果表明，只要分布式状态估计系统满足共同一致完全可观性及假设 3.1~假设 3.3，那么对任意时刻和任意节点，CI、CM 和 HCICM 三类一致性卡尔曼滤波算法的误差协方差总会存在一致的上界和下界。

第4章　互相关性未知情形的一致性卡尔曼滤波

4.1　前言

众所周知，互相关性未知情形广泛存在于各种一致性滤波问题中。如果得不到适当地处理，它能显著地降低一致性滤波器的性能。尽管如此，大多数一致性滤波方法主要基于一个理想化的假设[31,34,35,37,87,98,124,125]，即要求局部估计是统计不相关的。这意味着互相关性被大大地忽略掉了。因此，发展一种新颖的一致性卡尔曼滤波算法来处理局部估计间的未知的互相关性问题就显得尤为必要。

幸运的是，已有一些关于未知互相关信息的一致性滤波的初步研究成果得到公布[31,129]，如本书第3.3节介绍的基于信息一致（CI）的一致性卡尔曼滤波算法。然而，其稳定性问题一直以来都是一个重要的研究问题。尽管在过去的十年里，已有一系列研究结果公布[31,34,100]，但大部分稳定性分析的结果还局限于时不变系统，且关于估计误差的有界性问题的相应讨论也常常被忽略。

对此，本章的主要工作如下：

1）提出一个考虑互相关信息的未知情形的分布式卡尔曼滤波算法，同时该算法兼顾估计精度和一致性性能。

2）设计一个新颖的可观性条件（即共同一致可观性）用于研究分布式滤波问题。

3）开发一个系统的稳定性分析方法，用来证明分布式滤波算法的误差协方差是一致有界的，以及估计误差是指数均方有界的。

本章与本书第3章介绍的CI型一致性卡尔曼滤波算法一样均是应用了协方差交叉的融合方法，同样也提出了共同一致可观性。不同的是，第3章中的融合权重是离线获得并与系统自身的信息无关的，而本章考虑的协方差交叉融合算法的权重是通过优化算法得到。它们是未知的，是时变的，这给基于此的一致性卡尔曼滤波算法的稳定性分析带来了挑战。本章的主要内容取自本书参考文献［104］。

4.2　系统模型

考虑下列离散时间线性随机系统：

$$x_k = F_{k-1} x_{k-1} + w_{k-1} \tag{4-1}$$

$$z_k^i = H_k^i x_k + v_k^i \qquad i \in \mathcal{N} \tag{4-2}$$

式中，$x_k \in \mathbb{R}^n$，为状态向量；$z_k^i \in \mathbb{R}^m$，为第 i 个节点的测量值；F_{k-1} 与 H_k^i 分别为具有合适维数的系统矩阵和测量矩阵；$w_{k-1} \in \mathbb{R}^n$ 和 $v_k^i \in \mathbb{R}^m$ 分别为过程噪声和测量噪声序列，且它们是不相关的，均值为 0，协方差分别为 Q_{k-1} 和 R_k^i 的高斯白噪声序列。

传感器网络是由 N 个传感器节点组成的，它们依有向图 $\mathcal{G}=(\mathcal{N}, \mathcal{E})$ 拓扑结构连接。其中，$\mathcal{N}=\{1, 2, \cdots, N\}$ 是所有传感器节点的集合，$\mathcal{E}$ 为节点间连接关系的集合。$(i, j) \in \mathcal{E}$ 表示节点 j 能接收到来自节点 i 的信息。进而，如果把节点 i 包含在其邻居节点中，则把节点 i 的邻居记为 $\mathcal{N}_i$ ($\mathcal{N}_i = \{j \mid (j, i) \in \mathcal{E}\}$)，否则记为 $\mathcal{N}_i \setminus \{i\}$。

对于传感器网络中每个节点 i，通过卡尔曼滤波算法获得均方意义下最优的局部状态估计。其对应的预测步状态估计 $\hat{x}_{k|k-1}^i$ 和误差协方差 $P_{k|k-1}^i$ 通过下式得出：

$$\hat{x}_{k|k-1}^i = F_{k-1} \hat{x}_{k-1}^i \tag{4-3}$$

$$P_{k|k-1}^i = F_{k-1} P_{k-1}^i F_{k-1}^{\mathrm{T}} + Q_{k-1} \tag{4-4}$$

接着，通过以下标准方程计算更新后的估计值 $\hat{x}_k^i$、误差协方差 P_k^i 及卡尔曼增益 K_k^i：

$$\hat{x}_k^i = \hat{x}_{k|k-1}^i + K_k^i (z_k^i - H_k^i \hat{x}_{k|k-1}^i) \tag{4-5}$$

$$P_k^i = [(P_{k|k-1}^i)^{-1} + (H_k^i)^{\mathrm{T}} (R_k^i)^{-1} H_k^i]^{-1} \tag{4-6}$$

$$K_k^i = P_{k|k-1}^i (H_k^i)^{\mathrm{T}} [H_k^i P_{k|k-1}^i (H_k^i)^{\mathrm{T}} + R_k^i]^{-1} \tag{4-7}$$

众所周知，在一个典型的分布式传感器网络中，每个节点只能受限地感知目标。为利用来自各自节点的信息，信息融合技术的应用不可或缺。再者，在实际应用中，局部估计通常在统计意义下是未知相关的。综合上述情况，下面将介绍一个常见的融合机制，即协方差交叉法则，来处理融合过程中的未知互相关性现象。接着，应用它来设计一致性卡尔曼滤波器。

4.3 基于协方差交叉的一致性卡尔曼滤波

早在 1997 年，S. J. Julier 和 J. K. Uhlmann 发展了协方差交叉算法[7]，具体描述如下：

$$\boldsymbol{P}_f^{-1}=\omega_1\boldsymbol{P}_1^{-1}+\omega_2\boldsymbol{P}_2^{-1}+\cdots+\omega_N\boldsymbol{P}_N^{-1}$$
$$\hat{\boldsymbol{x}}_f=\boldsymbol{P}_f(\omega_1\boldsymbol{P}_1^{-1}\hat{\boldsymbol{x}}_1+\omega_2\boldsymbol{P}_2^{-1}\hat{\boldsymbol{x}}_2+\cdots+\omega_N\boldsymbol{P}_N^{-1}\hat{\boldsymbol{x}}_N)$$

其中

$$\omega_i=\arg\min_{\omega_i\in[0,1]}\operatorname{tr}\{\boldsymbol{P}_f\}$$

式中，$\omega_i\in[0,\ 1]$，$\sum_{i=1}^{N}\omega_i=1$。$\boldsymbol{P}_i$ 和 $\hat{\boldsymbol{x}}_i$ 分别为节点 i 的误差协方差和估计，并且 $\boldsymbol{P}_f$ 和 $\hat{\boldsymbol{x}}_f$ 是对应的融合后的值。注意，ω_i 的选择可以根据各种融合后性能要求优化得出。本章的权重的选取是通过最小化 $\boldsymbol{P}_f$ 的迹得出的。

接下来，将协方差交叉算法运用到分布式滤波算法中。考虑要在有效的时间内将信息传播到整个传感器网络，这里假设在每个时间间隔内有 L 次一致步数。为了简化符号表示，对传感器网络中的每个节点 $i\in\mathcal{N}$，$\boldsymbol{\Omega}_{k,\ell}^{i}$ 和 $\boldsymbol{q}_{k,\ell}^{i}$ 分别表示节点 i 在时刻 k 融合步数 $\ell(\ell=0,\ 1,\ \cdots,\ L-1)$ 的信息矩阵和信息向量。初始化为 $\boldsymbol{\Omega}_{k,0}^{i}=(\boldsymbol{P}_k^{i})^{-1}$，$\boldsymbol{q}_{k,0}^{i}=(\boldsymbol{P}_k^{i})^{-1}\hat{\boldsymbol{x}}_k^{i}$。至此，受 Battistelli 和 Chisci 工作[31] 的启发，得到如下的分布式融合公式：

$$\boldsymbol{\Omega}_{k,\ell+1}^{i}=\sum_{j\in\mathcal{N}_i}\pi_{k,\ell}^{i,j}\boldsymbol{\Omega}_{k,\ell}^{j}\qquad \ell=0,1,\cdots,L-1 \tag{4-8}$$

$$\boldsymbol{q}_{k,\ell+1}^{i}=\sum_{j\in\mathcal{N}_i}\pi_{k,\ell}^{i,j}\boldsymbol{q}_{k,\ell}^{j}\qquad \ell=0,1,\cdots,L-1 \tag{4-9}$$

这里的权重根据以下准则来选取：

$$\pi_{k,\ell}^{i,j}=\arg\min_{\pi_{k,\ell}^{i,j}\in[\underline{\pi},1]}\operatorname{tr}\{(\boldsymbol{\Omega}_{k,\ell+1}^{i})^{-1}\} \tag{4-10}$$

它服从于

$$\sum_{j\in\mathcal{N}_i}\pi_{k,\ell}^{i,j}=1\qquad 0<\underline{\pi}\leqslant\pi_{k,\ell}^{i,j}\leqslant 1 \tag{4-11}$$

式中，$\underline{\pi}$ 为一个充分小的融合权重的下界常数。这里，使用了 CVX[130] 来计算该权重（详见本书附录 A）。

注释 4.1　与传统的协方差交叉算法[7] 相比，这里选取的优化区间是 $[\underline{\pi},\ 1]$ 而不是 $[0,\ 1]$，主要是为了避免存在权重 $\pi_{k,\ell}^{i,j}=0$ 的可能性。其原因主要有两点：首先，$\pi_{k,\ell}^{i,j}=0$ 可能会影响融合权重矩阵的本原性。其次，从网络连接性的角度来看，这也意味着其中一些节点会失去和邻居节点连接性，使得网络等价于切换网络。

基于式（4-8）~式（4-10）的卡尔曼滤波和分布式协方差交叉算法，构造了如下的基于协方差交叉的一致性卡尔曼滤波算法，即算法 4.1。

算法 4.1　基于协方差交叉的一致性卡尔曼滤波算法

步骤	内容
1	对每个节点 $i\in\mathcal{N}$，更新的状态估计和误差协方差矩阵通过下式计算：$$\hat{\boldsymbol{x}}_k^i=\hat{\boldsymbol{x}}_{k\mid k-1}^i+\boldsymbol{K}_k^i(z_k^i-\boldsymbol{H}_k^i\hat{\boldsymbol{x}}_{k\mid k-1}^i)$$ $$\boldsymbol{P}_k^i=(\boldsymbol{I}_n-\boldsymbol{K}_k^i\boldsymbol{H}_k^i)\boldsymbol{P}_{k\mid k-1}^i$$
2	记 $\boldsymbol{\Omega}_k\triangleq\boldsymbol{P}_k^{-1}$，$\boldsymbol{q}_k\triangleq\boldsymbol{P}_k^{-1}\hat{\boldsymbol{x}}_k$，并进行初始化 $\boldsymbol{\Omega}_{k,0}^i=\boldsymbol{\Omega}_k^i$ 及 $\boldsymbol{q}_{k,0}^i=\boldsymbol{q}_k^i$
3	对任意的 $\ell=0,1,\cdots,L-1$，有 ● 传播信息 $\boldsymbol{\Omega}_{k,\ell}^i$ 和 $\boldsymbol{q}_{k,\ell}^i$ 给其邻居节点 $j\in\mathcal{N}_i\backslash\{i\}$ ● 直至 $\boldsymbol{\Omega}_{k,\ell}^j$ 和 $\boldsymbol{q}_{k,\ell}^j$ 被它的所有的邻居节点接收到 $j\in\mathcal{N}_i\backslash\{i\}$ ● 根据协方差交叉算法融合信息矩阵对 $\boldsymbol{\Omega}_{k,\ell}^j$ 和 $\boldsymbol{q}_{k,\ell}^j$ 进行融合：$$\boldsymbol{\Omega}_{k,\ell+1}^i=\sum_{j\in\mathcal{N}_i}\pi_{k,\ell}^{i,j}\boldsymbol{\Omega}_{k,\ell}^j,\quad \boldsymbol{q}_{k,\ell+1}^i=\sum_{j\in\mathcal{N}_i}\pi_{k,\ell}^{i,j}\boldsymbol{q}_{k,\ell}^j$$ 其中 $$\pi_{k,\ell}^{i,j}=\arg\min_{\pi_{k,\ell}^{i,j}\in[\underline{\pi},1]}\operatorname{tr}\{(\boldsymbol{\Omega}_{k,\ell+1}^i)^{-1}\}$$ 且 $\sum_{j\in\mathcal{N}_i}\pi_{k,\ell}^{i,j}=1$
4	令 $L=\ell+1$，获得更新后的状态：$$\boldsymbol{P}_k^i=(\boldsymbol{\Omega}_{k,L}^i)^{-1},\quad \hat{\boldsymbol{x}}_k^i=\boldsymbol{P}_k^i\boldsymbol{q}_{k,L}^i$$
5	执行预测步：$$\hat{\boldsymbol{x}}_{k+1\mid k}^i=\boldsymbol{F}_k\hat{\boldsymbol{x}}_k^i,\quad \boldsymbol{P}_{k+1\mid k}^i=\boldsymbol{F}_k\boldsymbol{P}_k^i\boldsymbol{F}_k^{\mathrm{T}}+\boldsymbol{Q}_k$$

根据算法 4.1，不难发现这里的权重在每一融合步数中都是变化的，且是不可测的。因此，它会给分析局部信息对的一致性能带来额外的困难。幸运的是，通过下面引理，可以给出一个合理的答案。

假设 4.1　网络拓扑 $\mathcal{G}=(\mathcal{N},\ \mathcal{E})$ 是固定且强连通的。另外，其对应的权重矩阵 $\boldsymbol{\Pi}_{k,\ell}=[\pi_{k,\ell}^{i,j}]$ 是 Scrambling 矩阵。其中 i，j，$\in\mathcal{N}$。

定理 4.1　考虑假设 4.1 和式（4-8）和式（4-9）的分布式协方差交叉融合算法。当 ℓ 趋于∞时，由算法 4.1 产生的局部信息对（$\boldsymbol{\Omega}_{k,\ell}^{i}$，$\boldsymbol{q}_{k,\ell}^{i}$）对所有的初始状态均能达到一致的量（$\boldsymbol{\Omega}_{k}^{*}$，$\boldsymbol{q}_{k}^{*}$）。其中，$i \in \mathcal{N}$。

证明　记 $\boldsymbol{\Omega}_k = \mathrm{col}(\boldsymbol{\Omega}_k^i)_{i\in\mathcal{N}}$，$\boldsymbol{\Pi}_{k,L} = \boldsymbol{\Pi}_{k,\ell}\cdots\boldsymbol{\Pi}_{k,1}\boldsymbol{\Pi}_{k,0}$，式（4-8）改写为

$$\begin{aligned}\boldsymbol{\Omega}_{k,\ell+1} &= (\boldsymbol{\Pi}_{k,\ell}\otimes \boldsymbol{I}_n)\boldsymbol{\Omega}_{k,\ell}\\ &= (\boldsymbol{\Pi}_{k,\ell}\otimes \boldsymbol{I}_n)\cdots(\boldsymbol{\Pi}_{k,1}\otimes \boldsymbol{I}_n)(\boldsymbol{\Pi}_{k,0}\otimes \boldsymbol{I}_n)\boldsymbol{\Omega}_{k,0}\\ &= (\boldsymbol{\Pi}_{k,L}\otimes \boldsymbol{I}_n)\boldsymbol{\Omega}_{k,0}\end{aligned}\tag{4-12}$$

在假设 4.1 中，拓扑结构假定为固定的，这意味着融合权重矩阵 $\boldsymbol{\Pi}_{k,\ell}$ 是相同类型的 Scrambling 矩阵。进而，根据本书引理 2.8，有

$$\lim_{\ell\to\infty}(\boldsymbol{\Pi}_{k,\ell}\cdots\boldsymbol{\Pi}_{k,1}\boldsymbol{\Pi}_{k,0}) = \mathbf{1}\boldsymbol{w}\tag{4-13}$$

式中，$\boldsymbol{w}$ 为一个未知的行向量。记 $\boldsymbol{w}=[w_1,\ w_2,\ \cdots,\ w_N]$，当 ℓ 趋于∞，可以得到

$$\boldsymbol{\Omega}_{k,\ell+1} = (\mathbf{1}\boldsymbol{w}\otimes \boldsymbol{I}_n)\boldsymbol{\Omega}_{k,0}\tag{4-14}$$

即

$$\begin{aligned}\boldsymbol{\Omega}_{k,\ell+1}^{i} &= w_1\boldsymbol{\Omega}_{k,0}^{1} + w_2\boldsymbol{\Omega}_{k,0}^{2} + \cdots + w_N\boldsymbol{\Omega}_{k,0}^{N}\\ &= \boldsymbol{\Omega}_k^{*}\end{aligned}\tag{4-15}$$

相似的，当 ℓ 趋于∞时，信息向量也趋于一致，有

$$\begin{aligned}\boldsymbol{q}_{k,\ell+1}^{i} &= w_1\boldsymbol{q}_{k,0}^{1} + w_2\boldsymbol{q}_{k,0}^{2} + \cdots + w_N\boldsymbol{q}_{k,0}^{N}\\ &= \boldsymbol{q}_k^{*}\end{aligned}\tag{4-16}$$

证明完毕。

注释 4.2　假设 4.1 能够通过构造合适的连接拓扑结构来满足，一个简单的实例见本书 6.5 节。

4.4　稳定性分析

尽管分布式卡尔曼滤波的稳定性分析已得到了广泛研究，但这一领域仍存在两个难题尚待解决。首先，大部分稳定性分析的结果局限于时不变系统，但

是几乎所有的实际系统都是时变的。其次，对分布式卡尔曼滤波器而言，其对应的关于估计误差有界性的讨论常被忽略。因此，开发一套系统的方法来研究一般时变系统的分布式卡尔曼滤波算法的稳定性问题是紧迫的。接下来，将讨论一致性卡尔曼滤波算法是一致有界的存在条件。基于此，进一步证明相应的估计误差是均方有界的。在呈现一致性卡尔曼滤波算法的稳定性分析的结果之前，进行如下必要的假设。

假设 4.2 存在实数 $\underline{f}$，$\bar{f}$，$\underline{h}$，$\bar{h}\neq 0$，以及正实数常量 $\underline{q}$，$\bar{q}$，$\underline{r}$，$\bar{r}>0$，对所有 $k\geqslant 0$，$i\in\mathcal{N}$，使得下列矩阵均满足：

$$\underline{f}^2\boldsymbol{I}_n\leqslant\boldsymbol{F}_k\boldsymbol{F}_k^{\mathrm{T}}\leqslant\bar{f}^2\boldsymbol{I}_n \tag{4-17}$$

$$\underline{h}^2\boldsymbol{I}_m\leqslant\boldsymbol{H}_k^i(\boldsymbol{H}_k^i)^{\mathrm{T}}\leqslant\bar{h}^2\boldsymbol{I}_m \tag{4-18}$$

$$\underline{q}\,\boldsymbol{I}_n\leqslant\boldsymbol{Q}_k\leqslant\bar{q}\boldsymbol{I}_n \tag{4-19}$$

$$\underline{r}\,\boldsymbol{I}_m\leqslant\boldsymbol{R}_k^i\leqslant\bar{r}\boldsymbol{I}_m \tag{4-20}$$

假设 4.3 初始误差协方差矩阵 $\boldsymbol{P}_0^i(i\in\mathcal{N})$ 是正定的。

假设 4.4 系统满足共同一致可观性，即（$\boldsymbol{F}_k$，$\boldsymbol{H}_k$）是一致可观的，这里 $\boldsymbol{H}_k\triangleq\mathrm{col}(\boldsymbol{H}_k^1,\cdots,\boldsymbol{H}_k^N)$。

4.4.1 误差协方差矩阵的有界性

为了得到误差协方差矩阵的一致上界，需要先找到一个对每个时间段 L 步融合后权重的一致下界。随后，基于这个下界，一些关于误差协方差有界性的结果会相应地给出。为此，给出下面引理。

引理 4.1 如果网络在每个时刻都是强连通的，且融合权重通过式（4.10）选取出，那么存在一个整数 $L(0<L<\infty)$ 使得矩阵 $\boldsymbol{\varPi}_{k,L}$ 的所有元素 $\pi_{k,L}^{i,j}$ 都有一个下界 $\underline{\pi_L}$，即 $0<\underline{\pi_L}<\pi_{k,L}^{i,j}<1$。这里 $\underline{\pi_L}$ 是一个正标量。

证明 因为网络一直是强连通的，根据本书参考文献［116］中 Calafiore 的定理 A.1 结论，相应的权重矩阵 $\boldsymbol{\varPi}_{k,\ell}$ 是本原的。进而由本书参考文献［131］中 Blondel 的引理 18 可知，对于一个 n 维的本原矩阵集合 $\{\boldsymbol{\varPi}_{k,0},\boldsymbol{\varPi}_{k,1},\cdots$

$\boldsymbol{\Pi}_{k,L-1}\}$，存在一个小于（$n^3+2n-3$）/3的长度$L$使得$\pi_{k,L}^{i,j}>0$。

接下来，将证明对每个元素$\pi_{k,L}^{i,j}$都存在一个一致下界。基于矩阵乘法的知识，$\pi_{k,L}^{i,j}$可以写为

$$\pi_{k,L}^{i,j}=\underbrace{\sum_{k\in\mathcal{N}}\cdots\sum_{o\in\mathcal{N}}}_{L-1}\pi_{k,0}^{i,k}\pi_{k,1}^{k,s}\cdots\pi_{k,L-1}^{o,j}$$

鉴于式（4-10）中所选权重的性质，有

$$\begin{aligned}\pi_{k,L}^{i,j}&\geqslant\pi_{k,0}^{i,i}\pi_{k,1}^{i,i}\cdots\pi_{k,L-1}^{i,i}\\&\geqslant\underline{\pi}^{L}\triangleq\underline{\pi_{L}}\end{aligned}$$

至此，证明完毕。

引理4.2　考虑式（4-4），在假设4.2下，如果存在一个常正标量$\bar{p}$使得误差协方差$(\boldsymbol{P}_k^i)^{-1}\leqslant\bar{p}\boldsymbol{I}_n$，$i\in\mathcal{N}$，那么必存在一个正实数$\alpha=\left(1+\dfrac{\overline{pq}}{\underline{f}^2}\right)^{-1}<1$使得$(\boldsymbol{P}_{k+1|k}^i)^{-1}\geqslant\alpha((\boldsymbol{F}_k^i)^{-1})^{\mathrm{T}}(\boldsymbol{P}_k^i)^{-1}(\boldsymbol{F}_k^i)^{-1}$对所有的$k>0$，$i\in\mathcal{N}$均成立。

证明　参见本书第2章引理2.1的证明。

定理4.2　考虑式（4-1）和式（4-2）的线性随机系统，在假设4.1~假设4.4下，由算法4.1给出的误差协方差$\boldsymbol{P}_k^i(i\in\mathcal{N})$对所有的$k\geqslant0$都是一致有界的，即存在正标量$\underline{p}$和$\bar{p}$使得

$$\underline{p}\boldsymbol{I}_n\leqslant(\boldsymbol{P}_k^i)^{-1}\leqslant\bar{p}\boldsymbol{I}_n\quad k\geqslant0\tag{4-21}$$

证明　根据算法4.1，对于节点$i\in\mathcal{N}$，基于协方差交叉的一致性卡尔曼滤波器的误差协方差矩阵可写为

$$(\boldsymbol{P}_k^i)^{-1}=\sum_{j\in\mathcal{N}}\pi_{k,L}^{i,j}(\boldsymbol{P}_{k|k-1}^j)^{-1}+\sum_{j\in\mathcal{N}}\pi_{k,L}^{i,j}(\boldsymbol{H}_k^j)^{\mathrm{T}}(\boldsymbol{R}_k^j)^{-1}\boldsymbol{H}_k^j\tag{4-22}$$

接下来，证明分为两部分：①证明$(\boldsymbol{P}_k^i)^{-1}$存在一致上界；②利用共同一致可观性条件证明$(\boldsymbol{P}_k^i)^{-1}$存在一致下界。

第1部分　上界。综合引理4.1、假设4.2和式（4-4），有

$$(\boldsymbol{P}_k^i)^{-1} \leqslant \boldsymbol{Q}_{k-1}^{-1} + \sum_{j \in \mathcal{N}} \pi_{k,L}^{i,j} (\boldsymbol{H}_k^j)^{\mathrm{T}} (\boldsymbol{R}_k^j)^{-1} \boldsymbol{H}_k^j$$
$$\leqslant \left(\frac{1}{\underline{q}} + \frac{\bar{h}^2}{\underline{r}}\right) \boldsymbol{I}_n \triangleq \bar{p} \boldsymbol{I}_n \tag{4-23}$$

可见，存在这样一个一致上界。

第 2 部分　下界。综合引理 4.1、引理 4.2、假设 4.2 及式（4-4），得到

$$(\boldsymbol{P}_k^i)^{-1} \geqslant (\boldsymbol{F}_{k-1}^{-1})^{\mathrm{T}} \left[\alpha \underline{\pi_L} \sum_{j \in \mathcal{N}} (\boldsymbol{P}_{k-1}^j)^{-1}\right] \boldsymbol{F}_{k-1}^{-1} + \underline{\pi_L} \sum_{j \in \mathcal{N}} (\boldsymbol{H}_k^j)^{\mathrm{T}} (\boldsymbol{R}_k^j)^{-1} \boldsymbol{H}_k^j$$
$$\geqslant \left(\boldsymbol{F}_{k-1} \left[\alpha \underline{\pi_L} \sum_{j \in \mathcal{N}} (\boldsymbol{P}_{k-1}^j)^{-1}\right]^{-1} \boldsymbol{F}_{k-1}^{\mathrm{T}} + (\alpha \underline{\pi_L})^{-1} \boldsymbol{Q}_k\right)^{-1} +$$
$$\underline{\pi_L} \sum_{j \in \mathcal{N}} (\boldsymbol{H}_k^j)^{\mathrm{T}} (\boldsymbol{R}_k^j)^{-1} \boldsymbol{H}_k^j \tag{4-24}$$

$$\boldsymbol{A}_k = f_{k-1}(\boldsymbol{A}_{k-1})$$
$$\triangleq \left[\boldsymbol{F}_{k-1} \boldsymbol{A}_{k-1}^{-1} \boldsymbol{F}_{k-1}^{\mathrm{T}} + (\alpha \underline{\pi_L})^{-1} \boldsymbol{Q}_k\right]^{-1} + \underline{\pi_L} \sum_{j \in \mathcal{N}} (\boldsymbol{H}_k^j)^{\mathrm{T}} (\boldsymbol{R}_k^j)^{-1} \boldsymbol{H}_k^j \tag{4-25}$$

$$\boldsymbol{B}_k = g_{k-1}(\boldsymbol{B}_{k-1})$$
$$\triangleq (\boldsymbol{F}_{k-1}^{-1})^{\mathrm{T}} \boldsymbol{B}_{k-1} \boldsymbol{F}_{k-1}^{-1} + \underline{\pi_L} \sum_{j \in \mathcal{N}} (\boldsymbol{H}_k^j)^{\mathrm{T}} (\boldsymbol{R}_k^j)^{-1} \boldsymbol{H}_k^j \tag{4-26}$$

注意，在每个时刻 k，$f_{k-1}(\boldsymbol{A}_{k-1})$ 是单调非递减的，这可以根据单调性的定义来证明。进而根据式（4-24），有

$$g_{k-1}\left(\alpha \underline{\pi_L} \sum_{j \in \mathcal{N}} (\boldsymbol{P}_{k-1}^j)^{-1}\right) \geqslant f_{k-1}\left(\alpha \underline{\pi_L} \sum_{j \in \mathcal{N}} (\boldsymbol{P}_{k-1}^j)^{-1}\right) \tag{4-27}$$

再而，由引理 2.7 可得

$$(\boldsymbol{P}_k^i)^{-1} \geqslant \boldsymbol{B}_k > \boldsymbol{A}_k \tag{4-28}$$

与此同时，式（4-25）改写为

$$\boldsymbol{A}_k = (\boldsymbol{F}_{k-1} \boldsymbol{A}_{k-1}^{-1} \boldsymbol{F}_{k-1}^{\mathrm{T}} + \widetilde{\boldsymbol{Q}}_k)^{-1} + \boldsymbol{H}_k^{\mathrm{T}} \widetilde{\boldsymbol{R}}_k^{-1} \boldsymbol{H}_k \tag{4-29}$$

式中，$\widetilde{\boldsymbol{Q}}_k = (\alpha \underline{\pi_L})^{-1} \boldsymbol{Q}_k$；$\boldsymbol{H}_k = \mathrm{col}\{\boldsymbol{H}_k^i\}_{i \in \mathcal{N}}$；$\widetilde{\boldsymbol{R}}_k = \underline{\pi_L}^{-1} \mathrm{diag}\{\boldsymbol{R}_k^1, \boldsymbol{R}_k^2, \cdots, \boldsymbol{R}_k^N\}$。

此外，式（4-29）可视为标准的卡尔曼信息滤波器形式。根据假设 4.4 和本书参考文献［12］中 Anderson 的结论，可以断言总存在一个正标量 $\underline{p}$ 使得 $\boldsymbol{A}_k$ 是有界的，即

$$\boldsymbol{A}_k \geqslant \underline{p} \boldsymbol{I}_n \tag{4-30}$$

最后，综合式（4-23）、式（4-28）和式（4-30）的结果，得出以下结论：

$$\bar{p}\boldsymbol{I}_n \geqslant (\boldsymbol{P}_k^i)^{-1} \geqslant \underline{p}\boldsymbol{I}_n \quad k \geqslant 0 \tag{4-31}$$

证明完毕。

4.4.2　估计误差的有界性

本节将研究基于协方差交叉的一致性卡尔曼滤波器的稳定性问题。为了方便分析，引入下列引理。

引理4.3　考虑式（4-4），且在假设4.2下，如果存在一个正标量 $\underline{p}$ 使得误差协方差 $(\boldsymbol{P}_k^i)^{-1} \geqslant \underline{p}\boldsymbol{I}_n$ 成立，那么总存在一个严格正实数 $\beta = \left(1 + \frac{\underline{p}\underline{q}}{\bar{f}^2}\right)^{-1} < 1$ 使得 $(\boldsymbol{P}_{k+1|k}^i)^{-1} \leqslant \beta\ (\boldsymbol{F}_k^{-1})^{\mathrm{T}}(\boldsymbol{P}_k^i)^{-1}\boldsymbol{F}_k^{-1}$ 对所以的 $k>0$ 和 $i \in \mathcal{N}$ 均成立。

证明　与引理5.1的证明类似，式（4-4）可写为

$$(\boldsymbol{P}_{k+1|k}^i)^{-1} = (\boldsymbol{F}_k^{-1})^{\mathrm{T}}(\boldsymbol{P}_k^i + \boldsymbol{F}_k^{-1}\boldsymbol{Q}_k(\boldsymbol{F}_k^{-1})^{\mathrm{T}})^{-1}\boldsymbol{F}_k^{-1} \tag{4-32}$$

因为 $\boldsymbol{F}_k^{-1}\boldsymbol{Q}_k(\boldsymbol{F}_k^{-1})^{\mathrm{T}} \geqslant \frac{\underline{q}}{\bar{f}^2}\boldsymbol{I}_n$，$\boldsymbol{P}_k^i \geqslant \underline{p}^{-1}\boldsymbol{I}_n$。因此，存在一个正标量 ξ 使得

$$\boldsymbol{F}_k^{-1}\boldsymbol{Q}_k(\boldsymbol{F}_k^{-1})^{\mathrm{T}} \geqslant \frac{\underline{q}}{\bar{f}^2}\boldsymbol{I}_n \geqslant \xi\bar{\boldsymbol{P}} \geqslant \xi\boldsymbol{P}_k^i \tag{4-33}$$

式中的 ξ 可选择为 $\xi = \frac{\underline{p}\underline{q}}{\bar{f}^2}$。

将式（4-33）代入式（4-32），有

$$\begin{aligned}(\boldsymbol{P}_{k+1|k}^i)^{-1} &\leqslant (\boldsymbol{F}_k^{-1})^{\mathrm{T}}(\boldsymbol{P}_k^i + \xi\boldsymbol{P}_k^i)^{-1}\boldsymbol{F}_k^{-1} \\ &= (1+\xi)^{-1}(\boldsymbol{F}_k^{-1})^{\mathrm{T}}(\boldsymbol{P}_k^i)^{-1}\boldsymbol{F}_k^{-1}\end{aligned} \tag{4-34}$$

选取 $\beta \triangleq (1+\xi)^{-1}$，则证明完毕。

出于符号简便的考虑，将节点 i 的预测和估计误差分别记为 $\tilde{\boldsymbol{x}}_{k+1|k}^i = \boldsymbol{x}_{k+1} - \hat{\boldsymbol{x}}_{k+1|k}^i$ 和 $\tilde{\boldsymbol{x}}_k^i = \boldsymbol{x}_k - \hat{\boldsymbol{x}}_k^i$。它们的共同表达形式记为 $\tilde{\boldsymbol{x}}_{k+1|k} = \mathrm{col}(\tilde{\boldsymbol{x}}_{k+1|k}^i,\ i \in \mathcal{N})$ 和 $\tilde{\boldsymbol{x}}_k =$

$\mathrm{col}(\tilde{\boldsymbol{x}}_k^i,\ i\in\mathcal{N})$。

定理 4.3 式（4-1）和式（4-2）及算法 4.1 的考虑线性随机系统，在假设 4.1~假设 4.4 成立下，对任意节点 $i\in\mathcal{N}$，由算法 4.1 得到的估计误差 $\tilde{\boldsymbol{x}}_{k+1}^i=\boldsymbol{x}_{k+1}-\hat{\boldsymbol{x}}_{k+1}^i$ 满足指数均方有界。

证明 考虑如下随机过程：

$$V(\tilde{\boldsymbol{x}}_{k+1|k})=\max_{i\in\mathcal{N}}(\tilde{\boldsymbol{x}}_{k+1|k}^i)^{\mathrm{T}}(\boldsymbol{P}_{k+1|k}^i)^{-1}\tilde{\boldsymbol{x}}_{k+1|k}^i \tag{4-35}$$

根据定理 4.2，有

$$\underline{p}^{-1}\boldsymbol{I}_n\leqslant\boldsymbol{P}_k^i\leqslant\bar{p}^{-1}\boldsymbol{I}_n \tag{4-36}$$

进而，据假设 4.2 和式（4-4）得到

$$\left(\frac{\bar{f}^2}{\bar{p}}+\bar{q}\right)^{-1}\boldsymbol{I}_n\leqslant(\boldsymbol{P}_{k+1|k}^i)^{-1}\leqslant\left(\frac{\underline{f}^2}{\underline{p}}+\underline{q}\right)^{-1}\boldsymbol{I}_n \tag{4-37}$$

由于

$$\frac{1}{N}\sum_{i\in\mathcal{N}}(\tilde{\boldsymbol{x}}_{k+1|k}^i)^{\mathrm{T}}(\boldsymbol{P}_{k+1|k}^i)^{-1}\tilde{\boldsymbol{x}}_{k+1|k}^i\leqslant V(\tilde{\boldsymbol{x}}_{k+1|k})\leqslant\sum_{i\in\mathcal{N}}(\tilde{\boldsymbol{x}}_{k+1|k}^i)^{\mathrm{T}}(\boldsymbol{P}_{k+1|k}^i)^{-1}\tilde{\boldsymbol{x}}_{k+1|k}^i$$

把式（4-37）代入式（4-35）得到

$$\left(\frac{N\bar{f}^2}{\bar{p}}+N\bar{q}\right)^{-1}\|\tilde{\boldsymbol{x}}_{k+1|k}\|^2\leqslant V(\tilde{\boldsymbol{x}}_{k+1|k})\leqslant\left(\frac{\underline{f}^2}{\underline{p}}+\underline{q}\right)^{-1}\|\tilde{\boldsymbol{x}}_{k+1|k}\|^2$$

另一方面，对任意的 $i\in\mathcal{N}$，估计误差可写为

$$\tilde{\boldsymbol{x}}_{k+1|k}^i=\boldsymbol{x}_{k+1}-\hat{\boldsymbol{x}}_{k+1|k}^i=\boldsymbol{F}_k\tilde{\boldsymbol{x}}_k^i+\boldsymbol{w}_k \tag{4-38}$$

因为估计误差 $\tilde{\boldsymbol{x}}_k^i$ 是 L 步之后的融合估计，所以有

$$\begin{aligned}\tilde{\boldsymbol{x}}_k^i&=\boldsymbol{x}_k-\boldsymbol{P}_k^i\boldsymbol{q}_{k,L}^i\\&=\boldsymbol{P}_k^i(\boldsymbol{P}_k^i)^{-1}\boldsymbol{x}_k-\boldsymbol{P}_k^i\sum_{j\in\mathcal{N}}\pi_{k,L}^{i,j}\boldsymbol{q}_{k,0}^j\\&=\boldsymbol{P}_k^i(\boldsymbol{P}_k^i)^{-1}\boldsymbol{x}_k-\boldsymbol{P}_k^i\sum_{j\in\mathcal{N}}\pi_{k,L}^{i,j}(\boldsymbol{P}_{k,0}^j)^{-1}\hat{\boldsymbol{x}}_{k,0}^j\end{aligned}$$

$$
\begin{aligned}
&=\boldsymbol{P}_k^i\left[\sum_{j\in\mathcal{N}}\pi_{k,L}^{i,j}(\boldsymbol{P}_k^j)^{-1}\boldsymbol{x}_k-\sum_{j\in\mathcal{N}}\pi_{k,L}^{i,j}(\boldsymbol{P}_k^j)^{-1}\hat{\boldsymbol{x}}_k^j\right]\\
&=\boldsymbol{P}_k^i\left[\sum_{j\in\mathcal{N}}\pi_{k,L}^{i,j}(\boldsymbol{P}_k^j)^{-1}(\boldsymbol{x}_k-\hat{\boldsymbol{x}}_k^j)\right]\\
&=\boldsymbol{P}_k^i\left[\sum_{j\in\mathcal{N}}\pi_{k,L}^{i,j}(\boldsymbol{P}_k^j)^{-1}(\boldsymbol{I}-\boldsymbol{K}_k^j\boldsymbol{H}_k^j)(\boldsymbol{x}_k-\hat{\boldsymbol{x}}_{k|k-1}^j)-\sum_{j\in\mathcal{N}}\pi_{k,L}^{i,j}(\boldsymbol{P}_k^j)^{-1}\boldsymbol{K}_k^j\boldsymbol{v}_k^j\right]
\end{aligned}\tag{4-39}
$$

将式（4-39）代入式（4-38），有

$$
\tilde{\boldsymbol{x}}_{k+1|k}^i=\sum_{j\in\mathcal{N}}\boldsymbol{\Gamma}_k^{i,j}\tilde{\boldsymbol{x}}_{k|k-1}^j+\sum_{j\in\mathcal{N}}\boldsymbol{\Xi}_k^{i,j}\boldsymbol{v}_k^j+\boldsymbol{w}_k \tag{4-40}
$$

式中，$\boldsymbol{\Gamma}_k^{i,j}=\pi_{k,L}^{i,j}\boldsymbol{F}_k\boldsymbol{P}_k^i(\boldsymbol{P}_k^j)^{-1}(\boldsymbol{I}-\boldsymbol{K}_k^j\boldsymbol{H}_k^j)$；$\boldsymbol{\Xi}_k^{i,j}=-\pi_{k,L}^{i,j}\boldsymbol{F}_k\boldsymbol{P}_k^i(\boldsymbol{P}_k^j)^{-1}\boldsymbol{K}_k^j$。再把式（4-40）代入式（4-35）得到

$$
\begin{aligned}
\mathbb{E}\{V(\tilde{\boldsymbol{x}}_{k+1|k})\mid\tilde{\boldsymbol{x}}_{k|k-1}\}=\mathbb{E}\Big\{&\max_{i\in\mathcal{N}}\Big(\sum_{j\in\mathcal{N}}\boldsymbol{\Gamma}_k^{i,j}\tilde{\boldsymbol{x}}_{k|k-1}^j\Big)^{\mathrm{T}}(\boldsymbol{P}_{k+1|k}^i)^{-1}\Big(\sum_{j\in\mathcal{N}}\boldsymbol{\Gamma}_k^{i,j}\tilde{\boldsymbol{x}}_{k|k-1}^j\Big)+\\
&\max_{i\in\mathcal{N}}\Big(\sum_{j\in\mathcal{N}}\boldsymbol{\Xi}_k^{i,j}\boldsymbol{v}_k^j\Big)^{\mathrm{T}}(\boldsymbol{P}_{k+1|k}^i)^{-1}\Big(\sum_{j\in\mathcal{N}}\boldsymbol{\Xi}_k^{i,j}\boldsymbol{v}_k^j\Big)+\\
&\max_{i\in\mathcal{N}}\boldsymbol{w}_k^{\mathrm{T}}(\boldsymbol{P}_{k+1|k}^i)^{-1}\boldsymbol{w}_k\mid\tilde{\boldsymbol{x}}_{k|k-1}\Big\}
\end{aligned}\tag{4-41}
$$

方便起见，记为

$$
\boldsymbol{\Phi}_{k+1}^x\triangleq\mathbb{E}\Big\{\max_{i\in\mathcal{N}}\Big(\sum_{j\in\mathcal{N}}\boldsymbol{\Gamma}_k^{i,j}\tilde{\boldsymbol{x}}_{k|k-1}^j\Big)^{\mathrm{T}}(\boldsymbol{P}_{k+1|k}^i)^{-1}\Big(\sum_{j\in\mathcal{N}}\boldsymbol{\Gamma}_k^{i,j}\tilde{\boldsymbol{x}}_{k|k-1}^j\Big)\mid\tilde{\boldsymbol{x}}_{k|k-1}\Big\}\tag{4-42}
$$

$$
\boldsymbol{\Phi}_{k+1}^v\triangleq\mathbb{E}\Big\{\max_{i\in\mathcal{N}}\Big(\sum_{j\in\mathcal{N}}\boldsymbol{\Xi}_k^{i,j}\boldsymbol{v}_k^j\Big)^{\mathrm{T}}(\boldsymbol{P}_{k+1|k}^i)^{-1}\Big(\sum_{j\in\mathcal{N}}\boldsymbol{\Xi}_k^{i,j}\boldsymbol{v}_k^j\Big)\mid\tilde{\boldsymbol{x}}_{k|k-1}\Big\}\tag{4-43}
$$

$$
\boldsymbol{\Phi}_{k+1}^w\triangleq\mathbb{E}\Big\{\max_{i\in\mathcal{N}}\boldsymbol{w}_k^{\mathrm{T}}(\boldsymbol{P}_{k+1|k}^i)^{-1}\boldsymbol{w}_k\mid\tilde{\boldsymbol{x}}_{k|k-1}\Big\}\tag{4-44}
$$

首先，考虑无噪声项的系统 $\boldsymbol{\Phi}_{k+1}^x$。根据定理4.2，有 $(\boldsymbol{P}_k^i)^{-1}\geqslant\underline{p}\boldsymbol{I}_n$，$i\in\mathcal{N}$。因此，鉴于引理4.3，可断言存在这样的正实数 $\beta=\left(1+\dfrac{\underline{p}q}{\bar{f}^2}\right)^{-1}$（$0<\beta<1$）使得

$$
(\boldsymbol{P}_{k+1|k}^i)^{-1}\leqslant\beta(\boldsymbol{F}_k^{-1})^{\mathrm{T}}(\boldsymbol{P}_k^i)^{-1}\boldsymbol{F}_k^{-1}\tag{4-45}
$$

把式（4-45）和 $\boldsymbol{\Gamma}_k^{i,j}$ 并入式（4-42），有

$$
\boldsymbol{\Phi}_{k+1}^x\leqslant\beta\mathbb{E}\Big\{\max_{i\in\mathcal{N}}\Big(\sum_{j\in\mathcal{N}}\boldsymbol{\Gamma}_k^{i,j}\tilde{\boldsymbol{x}}_{k|k-1}^j\Big)^{\mathrm{T}}(\boldsymbol{F}_k^{-1})^{\mathrm{T}}(\boldsymbol{P}_k^i)^{-1}\boldsymbol{F}_k^{-1}\Big(\sum_{j\in\mathcal{N}}\boldsymbol{\Gamma}_k^{i,j}\tilde{\boldsymbol{x}}_{k|k-1}^j\Big)\mid\tilde{\boldsymbol{x}}_{k|k-1}\Big\}
$$

$$
\begin{aligned}
&= \beta \mathbb{E}\Big\{ \max_{i\in\mathcal{N}} \Big[\sum_{j\in\mathcal{N}} \pi_{k,L}^{i,j} \boldsymbol{F}_k \boldsymbol{P}_k^i (\boldsymbol{P}_{k|k-1}^j)^{-1} \tilde{\boldsymbol{x}}_{k|k-1}^j \Big]^{\mathrm{T}} (\boldsymbol{F}_k^{-1})^{\mathrm{T}} (\boldsymbol{P}_k^i)^{-1} \boldsymbol{F}_k^{-1} \times \\
&\quad \Big[\sum_{j\in\mathcal{N}} \pi_{k,L}^{i,j} \boldsymbol{F}_k \boldsymbol{P}_k^i (\boldsymbol{P}_{k|k-1}^j)^{-1} \tilde{\boldsymbol{x}}_{k|k-1}^j \Big] \mid \tilde{\boldsymbol{x}}_{k|k-1} \Big\} \\
&= \beta \mathbb{E}\Big\{ \max_{i\in\mathcal{N}} \Big[\sum_{j\in\mathcal{N}} \pi_{k,L}^{i,j} (\boldsymbol{P}_{k|k-1}^j)^{-1} \tilde{\boldsymbol{x}}_{k|k-1}^j \Big]^{\mathrm{T}} \boldsymbol{P}_k^i \Big[\sum_{j\in\mathcal{N}} \pi_{k,L}^{i,j} (\boldsymbol{P}_{k|k-1}^j)^{-1} \tilde{\boldsymbol{x}}_{k|k-1}^j \Big] \mid \tilde{\boldsymbol{x}}_{k|k-1} \Big\} \\
&= \beta \mathbb{E}\Big\{ \max_{i\in\mathcal{N}} \Big[\sum_{j\in\mathcal{N}} \pi_{k,L}^{i,j} (\boldsymbol{P}_{k|k-1}^j)^{-1} \tilde{\boldsymbol{x}}_{k|k-1}^j \Big]^{\mathrm{T}} \Big[\sum_{j\in\mathcal{N}} \pi_{k,L}^{i,j} (\boldsymbol{P}_k^j)^{-1} \Big]^{-1} \times \\
&\quad \Big[\sum_{j\in\mathcal{N}} \pi_{k,L}^{i,j} (\boldsymbol{P}_{k|k-1}^j)^{-1} \tilde{\boldsymbol{x}}_{k|k-1}^j \Big] \mid \tilde{\boldsymbol{x}}_{k|k-1} \Big\} \\
&\leqslant \beta \mathbb{E}\Big\{ \max_{i\in\mathcal{N}} \Big[\sum_{j\in\mathcal{N}} \pi_{k,L}^{i,j} (\boldsymbol{P}_{k|k-1}^j)^{-1} \tilde{\boldsymbol{x}}_{k|k-1}^j \Big]^{\mathrm{T}} \Big[\sum_{j\in\mathcal{N}} \pi_{k,L}^{i,j} (\boldsymbol{P}_{k|k-1}^j)^{-1} \Big]^{-1} \times \\
&\quad \Big[\sum_{j\in\mathcal{N}} \pi_{k,L}^{i,j} (\boldsymbol{P}_{k|k-1}^j)^{-1} \tilde{\boldsymbol{x}}_{k|k-1}^j \Big] \mid \tilde{\boldsymbol{x}}_{k|k-1} \Big\}
\end{aligned} \tag{4-46}
$$

进而，由引理2.5，并考虑到$\boldsymbol{\Pi}_{k,L}$是一个随机矩阵，可以导出下式：

$$
\begin{aligned}
\boldsymbol{\Phi}_{k+1}^x &\leqslant \beta \mathbb{E}\Big\{ \max_{i\in\mathcal{N}} \Big[\sum_{j\in\mathcal{N}} \pi_{k,L}^{i,j} (\tilde{\boldsymbol{x}}_{k|k-1}^j)^{\mathrm{T}} (\boldsymbol{P}_{k|k-1}^j)^{-1} \tilde{\boldsymbol{x}}_{k|k-1}^j \Big] \mid \tilde{\boldsymbol{x}}_{k|k-1} \Big\} \\
&\leqslant \beta \mathbb{E}\Big\{ \max_{i\in\mathcal{N}} \Big[\sum_{j\in\mathcal{N}} \pi_{k,L}^{i,j} \big(\max_{j\in\mathcal{N}} \{ (\tilde{\boldsymbol{x}}_{k|k-1}^j)^{\mathrm{T}} (\boldsymbol{P}_{k|k-1}^j)^{-1} \tilde{\boldsymbol{x}}_{k|k-1}^j \} \big) \Big] \mid \tilde{\boldsymbol{x}}_{k|k-1} \Big\} \\
&\leqslant \beta \mathbb{E}\Big\{ \max_{i\in\mathcal{N}} \Big(\max_{j\in\mathcal{N}} \{ (\tilde{\boldsymbol{x}}_{k|k-1}^j)^{\mathrm{T}} (\boldsymbol{P}_{k|k-1}^j)^{-1} \tilde{\boldsymbol{x}}_{k|k-1}^j \} \Big) \mid \tilde{\boldsymbol{x}}_{k|k-1} \Big\} \\
&= \beta \mathbb{E}\Big\{ \max_{i\in\mathcal{N}} \{ (\tilde{\boldsymbol{x}}_{k|k-1}^i)^{\mathrm{T}} (\boldsymbol{P}_{k|k-1}^i)^{-1} \tilde{\boldsymbol{x}}_{k|k-1}^i \} \mid \tilde{\boldsymbol{x}}_{k|k-1} \Big\} \\
&= \beta \mathbb{E}\big\{ V(\tilde{\boldsymbol{x}}_{k|k-1}) \big\}
\end{aligned} \tag{4-47}
$$

令$\beta = 1-\lambda$，得到

$$
\boldsymbol{\Phi}_{k+1}^x \leqslant (1-\lambda) \mathbb{E}\{ V(\tilde{\boldsymbol{x}}_{k|k-1}) \} \tag{4-48}
$$

接着，考虑含测量噪声项：

$$
\begin{aligned}
\boldsymbol{\Phi}_{k+1}^v &= \mathbb{E}\Big\{ \max_{i\in\mathcal{N}} \Big(\sum_{j\in\mathcal{N}} \boldsymbol{\Xi}_k^{i,j} \boldsymbol{v}_k^j \Big)^{\mathrm{T}} (\boldsymbol{P}_{k+1|k}^i)^{-1} \Big(\sum_{j\in\mathcal{N}} \boldsymbol{\Xi}_k^{i,j} \boldsymbol{v}_k^j \Big) \Big\} \\
&\leqslant \mathbb{E}\Big\{ \max_{i\in\mathcal{N}} \Big[\sum_{j\in\mathcal{N}} -\pi_{k,L}^{i,j} \boldsymbol{F}_k \boldsymbol{P}_k^i (\boldsymbol{P}_k^j)^{-1} \boldsymbol{K}_k^j \boldsymbol{v}_k^j \Big]^{\mathrm{T}} (\boldsymbol{F}_k^{-1})^{\mathrm{T}} (\boldsymbol{P}_k^i)^{-1} \boldsymbol{F}_k^{-1} \times \\
&\quad \Big[\sum_{j\in\mathcal{N}} -\pi_{k,L}^{i,j} \boldsymbol{F}_k \boldsymbol{P}_k^i (\boldsymbol{P}_k^j)^{-1} \boldsymbol{K}_k^j \boldsymbol{v}_k^j \Big] \Big\} \\
&= \mathbb{E}\Big\{ \max_{i\in\mathcal{N}} \Big[\sum_{j\in\mathcal{N}} \pi_{k,L}^{i,j} (\boldsymbol{P}_k^j)^{-1} \boldsymbol{K}_k^j \boldsymbol{v}_k^j \Big]^{\mathrm{T}} \Big[\sum_{j\in\mathcal{N}} \pi_{k,L}^{i,j} (\boldsymbol{P}_k^j)^{-1} \Big]^{-1} \times
\end{aligned}
$$

$$\left[\sum_{j\in\mathcal{N}}\boldsymbol{\pi}_{k,L}^{i,j}(\boldsymbol{P}_k^j)^{-1}\boldsymbol{K}_k^j\boldsymbol{v}_k^j\right]\Big\} \tag{4-49}$$

鉴于引理 2.5，有

$$\begin{aligned}\boldsymbol{\Phi}_{k+1}^v &\leqslant \mathbb{E}\left\{\max_{i\in\mathcal{N}}\sum_{j\in\mathcal{N}}\boldsymbol{\pi}_{k,L}^{i,j}(\boldsymbol{v}_k^j)^{\mathrm{T}}(\boldsymbol{K}_k^j)^{\mathrm{T}}(\boldsymbol{P}_k^j)^{-1}\boldsymbol{K}_k^j\boldsymbol{v}_k^j\right\}\\ &\leqslant \mathbb{E}\left\{\sum_{j\in\mathcal{N}}(\boldsymbol{v}_k^j)^{\mathrm{T}}(\boldsymbol{K}_k^j)^{\mathrm{T}}(\boldsymbol{P}_k^j)^{-1}\boldsymbol{K}_k^j\boldsymbol{v}_k^j\right\}\end{aligned} \tag{4-50}$$

与此同时，改写式（4-7）得到卡尔曼增益的另一表达形式：

$$\boldsymbol{K}_k^i=\boldsymbol{P}_k^i(\boldsymbol{H}_k^i)^{\mathrm{T}}(\boldsymbol{R}_k^i)^{-1} \tag{4-51}$$

将式（4-51）代入式（4-50），得到

$$\begin{aligned}\boldsymbol{\Phi}_{k+1}^v &\leqslant \mathbb{E}\left\{\sum_{j\in\mathcal{N}}(\boldsymbol{v}_k^j)^{\mathrm{T}}((\boldsymbol{R}_k^j)^{-1})^{\mathrm{T}}\boldsymbol{H}_k^j\boldsymbol{P}_k^j(\boldsymbol{H}_k^j)^{\mathrm{T}}(\boldsymbol{R}_k^j)^{-1}\boldsymbol{v}_k^j\right\}\\ &\leqslant \frac{\bar{h}^2}{\bar{p}}\mathrm{tr}\left\{\mathbb{E}\left\{\sum_{j\in\mathcal{N}}(\boldsymbol{v}_k^j)^{\mathrm{T}}((\boldsymbol{R}_k^j)^{-1})^{\mathrm{T}}(\boldsymbol{R}_k^j)^{-1}\boldsymbol{v}_k^j\right\}\right\}\\ &=\frac{\bar{h}^2}{\bar{p}}\mathrm{tr}\left\{\sum_{j\in\mathcal{N}}((\boldsymbol{R}_k^j)^{-1})^{\mathrm{T}}(\boldsymbol{R}_k^j)^{-1}\mathbb{E}\{\boldsymbol{v}_k^j(\boldsymbol{v}_k^j)^{\mathrm{T}}\}\right\}\\ &\leqslant \frac{\bar{h}^2}{\bar{p}\,\underline{r}}Nm\triangleq\boldsymbol{\mu}_v\end{aligned} \tag{4-52}$$

下面继续讨论过程噪声

$$\begin{aligned}\boldsymbol{\Phi}_{k+1}^w &= \mathbb{E}\left\{\max_{i\in\mathcal{N}}\boldsymbol{w}_k^{\mathrm{T}}(\boldsymbol{P}_{k+1|k}^i)^{-1}\boldsymbol{w}_k\right\}\\ &=N\left(\frac{\underline{f}^2}{\underline{p}}+\underline{q}\right)^{-1}\mathrm{tr}\{\boldsymbol{Q}_k\}\\ &\leqslant N\left(\frac{\underline{f}^2}{\underline{p}}+\underline{q}\right)^{-1}\bar{q}n\triangleq\boldsymbol{\mu}_w\end{aligned} \tag{4-53}$$

经过上述一系列运算后，有

$$\boldsymbol{\Phi}_{k+1}^v+\boldsymbol{\Phi}_{k+1}^w\leqslant\boldsymbol{\mu}_v+\boldsymbol{\mu}_w\triangleq\boldsymbol{\mu} \tag{4-54}$$

由假设 4.2 知，$\mu>0$ 是一直满足的。

根据上述推导，得到如下结论：

$$\mathbb{E}\{V_{k+1}(\tilde{\boldsymbol{x}}_{k+1|k})\mid\tilde{\boldsymbol{x}}_{k|k-1}\}-V_k(\tilde{\boldsymbol{x}}_{k|k-1})\leqslant\boldsymbol{\mu}-\boldsymbol{\lambda}V_k(\tilde{\boldsymbol{x}}_{k|k-1})$$

因此，根据引理2.6，随机过程 $\tilde{\boldsymbol{x}}_{k+1|k}$ 是指数均方有界的，这意味着 $\tilde{\boldsymbol{x}}_{k+1|k}^i$ 也是指数均方有界的。

接下来证明随机过程 $\tilde{\boldsymbol{x}}_{k+1}$ 是均方有界的。对于系统有

$$\tilde{\boldsymbol{x}}_{k+1|k}^i=\boldsymbol{F}_k(\boldsymbol{x}_k-\hat{\boldsymbol{x}}_k^i)+\boldsymbol{w}_k \tag{4-55}$$

对两边进行期望运算得到

$$\mathbb{E}\{\|\tilde{\boldsymbol{x}}_k^i\|^2\}\leqslant \underline{f}^{-2}(\mathbb{E}\{\|\tilde{\boldsymbol{x}}_{k+1|k}^i\|^2\}-\mathbb{E}\{\|\boldsymbol{w}_k\|^2\}) \tag{4-56}$$

采用与上述相似的方法，易得估计误差 $\tilde{\boldsymbol{x}}_{k+1}^i$ 也是指数均方有界的。

4.5 仿真例子

本节将讨论一个近常速的运动学模型[31] 用来验证所得结果的正确性。在这个模型里，未知状态模型 $\boldsymbol{x}=[p_x, v_x, p_y, v_y]^{\mathrm{T}}$ 的元素代表了 x 和 y 轴上位置和速度分量。系统模型的方程如下：

$$\boldsymbol{x}_{k+1}=\begin{bmatrix}1 & \Delta & 0 & 0\\ 0 & 1 & 0 & 0\\ 0 & 0 & 1 & \Delta\\ 0 & 0 & 0 & 1\end{bmatrix}\boldsymbol{x}_k+\boldsymbol{\omega}_k \tag{4-57}$$

这里采样间隔 $\Delta=4\mathrm{s}$，过程噪声低协方差矩阵 $\boldsymbol{Q}=\boldsymbol{G}q^2$，其中有

$$\boldsymbol{G}=\begin{bmatrix}\frac{\Delta^3}{3} & \frac{\Delta^2}{2} & 0 & 0\\ \frac{\Delta^2}{2} & \Delta & 0 & 0\\ 0 & 0 & \frac{\Delta^3}{3} & \frac{\Delta^2}{2}\\ 0 & 0 & \frac{\Delta^2}{2} & \Delta\end{bmatrix} \tag{4-58}$$

且 $q^2=5$。

系统的状态轨迹的估计是通过下列带有4节点（见图4-1）的强连通传感器网络 $\mathcal{G}=(\mathcal{N}, \mathcal{E})$ 进行的。其中，$\mathcal{N}=\{1, 2, 3, 4\}$，即

每一个传感器都在笛卡儿坐标系里测量目标的位置，即

$$\boldsymbol{y}_k^i=\begin{bmatrix}1 & 0 & 0 & 0\\0 & 0 & 1 & 0\end{bmatrix}\boldsymbol{x}_k+\boldsymbol{v}_k^i \quad i\in\mathcal{N} \tag{4-59}$$

其中，测量噪声的协方差矩阵 $\boldsymbol{R}^i=\mathrm{diag}(225,\ 225)$。

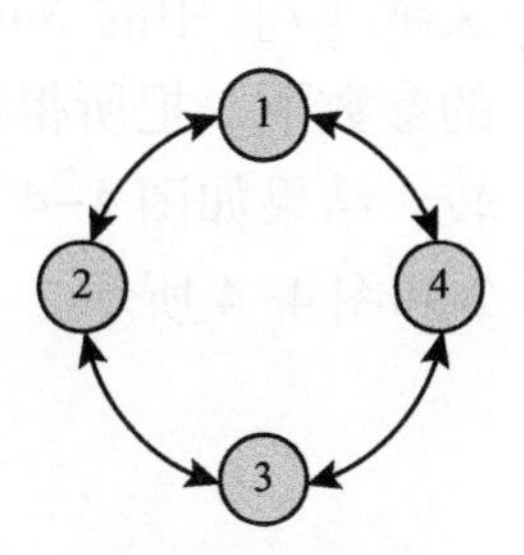

图 4-1　4 节点强连通传感器网络有向图

目标轨迹的真实初始状态向量及滤波器的初始状态估计为

$$\boldsymbol{x}_0=[6500.4,-1.8093,349.14,-6.7967]^{\mathrm{T}}$$

$$\hat{\boldsymbol{x}}_0^1=\hat{\boldsymbol{x}}_0^2=\hat{\boldsymbol{x}}_0^3=\hat{\boldsymbol{x}}_0^4=[6490,-1.8091,340,-6.7962]^{\mathrm{T}}$$

不难验证由拓扑图对应的权重矩阵是 Scrambling 矩阵。协方差交叉算法的优化区间的下界 $\underline{\pi}=1\times10^{-5}$。为了评价算法的性能，使用了位置根均方误差（PRMSE）[31] 这一指标。鉴于此，每次实验均执行了 20 次独立的蒙特卡罗（Monte Carlo）模拟。并且，在每次执行中，所有的实验在相同的条件下初始化。在时刻 k，第 m 次蒙特卡罗模拟的 PRMSE 定义为

$$\mathrm{PRMSE}_{i,k}=\left(\frac{1}{20}\sum_{m=1}^{20}\left[(p_{x,k}^m-\hat{p}_{x,k}^{i,m})^2+(p_{y,k}^m-\hat{p}_{y,k}^{i,m})^2\right]\right)^{\frac{1}{2}}$$

$$1\leqslant k\leqslant 40,\quad i\in\mathcal{N} \tag{4-60}$$

式中，$(p_{x,k}^m,\ \hat{p}_{x,k}^{i,m})$ 和 $(p_{y,k}^m,\ \hat{p}_{y,k}^{i,m})$ 分别为第 m 次蒙特卡罗模拟实验的真实的和估计的位置。$L=1$、2 的结果如图 4-2 和图 4-3 所示。

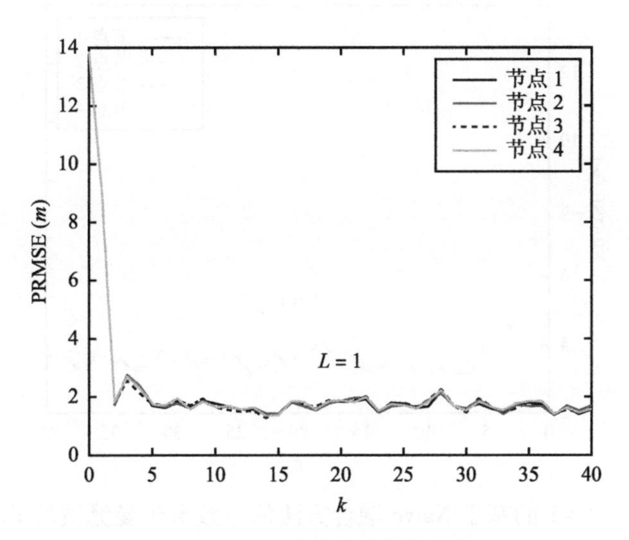

图 4-2　$L=1$ 的一致卡尔曼滤波的 PRMSE

通过仿真模拟，很明显看到，随着时间的推移，初始状态引起的误差很快地趋于0，仅剩下由噪声引起的误差。在协方差交叉算法发明之前，本书参考文献［7］中的Naive融合是处理未知互相关性的最常用的方法。这里，在相同的参数下，把所得到的结果和基于Naive融合的一致性卡尔曼滤波算法进行比较，结果如图4-4所示。对比可知，我们算法的估计精度更高，其结果如图4-2和图4-4所示。

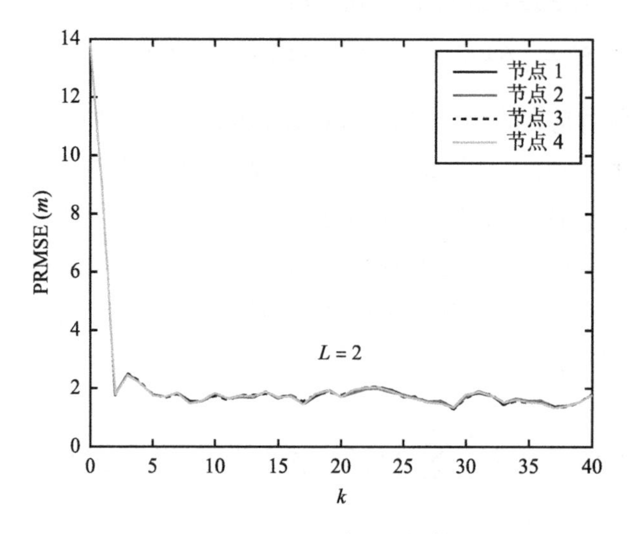

图4-3　$L=2$的一致卡尔曼滤波的PRMSE

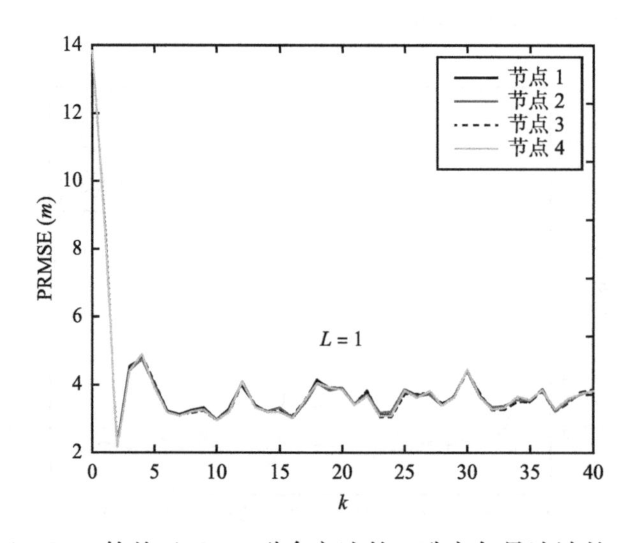

图4-4　$L=1$的基于Naive融合方法的一致卡尔曼滤波的PRMSE

根据上述仿真结果可知，所提出的算法能够处理未知互相关性现象，并能达到一个可靠的滤波性能要求。此外，因为采用的是高度连接的拓扑图，所以少量的一致步数就能达到理想的一致性水平。进而，根据图 4-2 和图 4-3 所示的结果，发现融合步数 L 越大，分布式滤波器的一致性能就越好。

4.6　本章小结

本章研究了在传感器网络中广泛存在的未知互相关性现象的一致性卡尔曼滤波问题。首先，通过利用协方差交叉融合方法，一个基于协方差交叉的一致性卡尔曼滤波算法被成功地设计出来用以获得目标状态的真实估计。此外，在共同一致可观性的条件下，所提出的一致性卡尔曼滤波算法的估计误差被证明是一致有界的，并且其对应的估计误差被证明是一致有界的。

第 5 章　传感器网络的加权一致可观性

5.1　前言

实际中，传感器网络系统通常是由一系列通过交互权重连接的子系统组成的[132]。因此，交互权重的选择会对这种系统的稳定性分析起到重要的作用。当今，最常用的权重选择方法莫过于 Metropolis 权重和最大度权重[27]，但是这两种权重方法的选取都与系统自身的信息无关，因此在执行过程中会不可避免带来一定的保守性。最近出现了一种利用协方差交叉[7] 来计算权重的方法[129]，但这种方法每步都涉及优化，这给最后的实现带来了巨大的计算负担。另外，线优化权重的另一个弊端是，如果没有额外的约束条件，其权重的界往往是不能提前预测的。因此，找到一个理想的权重选择方法来获得更好的滤波性能并同时能减少计算负担，是一个迫切需要解决的难题。

另一方面，在典型的传感器网络中，由于传感器自身性能的限制，待估计状态对每个传感器节点而言一般是不可观的[19]，因此设计一个新的可观性条件来克服这些限制是必要的。基于上述讨论，本章提出一种新的可观性条件，即加权一致可观性。它在处理分布式状态估计问题中的优势尤为显著：当所有传感器节点都相同时，该可观性条件可退化为经典的一致可观性条件。与其他可观性条件不同的是，加权一致可观性在设计时把交互权重考虑进来，这样可以通过优化权重的途径来提高滤波器的性能，同时也相应地也发展出一个选择交叉权重的新方法。

本章研究了局部不可观的传感器网络的加权一致可观性问题[13]，主要内容如下：

1)针对处理分布式滤波中可观性问题的困难，提出加权一致可观性条件。该可观性条件在处理分布式状态估计问题的过程中，比已有的条件具有更小的保守性。

2)借助于加权一致可观性条件，获得了一个关于 CM 型一致性卡尔曼滤波误差协方差的一致上下界。

3)基于加权一致可观性条件，得到一个新的离线权重方法，该方法可以在提高滤波器性能的同时减小计算负担。

5.2 系统模型

考虑下列离散时间线性随机系统：

$$\boldsymbol{x}_k=\boldsymbol{F}_{k-1}\boldsymbol{x}_{k-1}+\boldsymbol{w}_{k-1} \tag{5-1}$$

$$\boldsymbol{z}_k^i=\boldsymbol{H}_k^i\boldsymbol{x}_k+\boldsymbol{v}_k^i \qquad i\in\mathcal{N} \tag{5-2}$$

式中，$\boldsymbol{x}_k\in\mathbb{R}^n$，为状态向量；$\boldsymbol{z}_k^i\in\mathbb{R}^m$，为第$i$个节点的测量值；$\boldsymbol{F}_{k-1}$与$\boldsymbol{H}_k^i$分别为具有合适维数的系统矩阵和测量矩阵；$\boldsymbol{w}_{k-1}\in\mathbb{R}^n$和$\boldsymbol{v}_k^i\in\mathbb{R}^m$，分别为过程噪声和测量噪声序列，且它们是不相关的均值为0，协方差分别为$\boldsymbol{Q}_{k-1}$和$\boldsymbol{R}_k^i$的高斯白噪声序列。

传感器网络是通过N个传感器节点组成的，它们依有向图$\mathcal{G}=(\mathcal{N},\ \mathcal{E})$拓扑结构连接。其中，$\mathcal{N}=\{1,\ 2,\ \cdots,\ N\}$是所有传感器节点的集合，$\mathcal{E}$为节点间连接关系的集合。$(i,\ j)\in\mathcal{E}$表示节点$j$能接收到来自节点$i$的信息。进而，如果把节点$i$包含在其邻居节点中，把节点$i$的邻居记为$\mathcal{N}_i$（$\mathcal{N}_i=\{j\mid(j,\ i)\in\mathcal{E}\}$），否则记为$\mathcal{N}_i\setminus\{i\}$。

5.3 基于测量一致的一致性卡尔曼滤波

如果传感器网络中的节点没有信息交互，式（5-1）的系统状态的局部估计可以通过著名的卡尔曼滤波来计算。即，对于节点i，预测状态估计$\hat{\boldsymbol{x}}_{k\mid k-1}^i$和误差协方差$\boldsymbol{P}_{k\mid k-1}^i$计算如下：

$$\hat{\boldsymbol{x}}_{k\mid k-1}^i=\boldsymbol{F}_{k-1}\hat{\boldsymbol{x}}_{k-1}^i \tag{5-3}$$

$$\boldsymbol{P}_{k\mid k-1}^i=\boldsymbol{F}_{k-1}\boldsymbol{P}_{k-1}^i\boldsymbol{F}_{k-1}^{\mathrm{T}}+\boldsymbol{Q}_{k-1} \tag{5-4}$$

更新的误差协方差和估计误差可通过信息矩阵和信息向量获得[127]：

$$(\boldsymbol{P}_k^i)^{-1}=(\boldsymbol{P}_{k\mid k-1}^i)^{-1}+(\boldsymbol{H}_k^i)^{\mathrm{T}}(\boldsymbol{R}_k^i)^{-1}\boldsymbol{H}_k^i \tag{5-5}$$

$$(\boldsymbol{P}_k^i)^{-1}\hat{\boldsymbol{x}}_k^i=(\boldsymbol{P}_{k\mid k-1}^i)^{-1}\hat{\boldsymbol{x}}_{k\mid k-1}^i+(\boldsymbol{H}_k^i)^{\mathrm{T}}(\boldsymbol{R}_k^i)^{-1}\boldsymbol{z}_k^i \tag{5-6}$$

式中，$(\boldsymbol{P}_k^i)^{-1}$和$(\boldsymbol{P}_k^i)^{-1}\hat{\boldsymbol{x}}_k^i$分别为信息矩阵和信息向量。

然而，在分布式状态估计问题中，局部估计需要与邻居节点交互信息来补偿单一节点信息的局限性。因此，一致性滤波算法被提出用于解决传感器网络中分布式状态估计问题[133]。其中，CM型一致性卡尔曼滤波算法，由于其实用性和对传感器失效或故障的鲁棒性，在实际应用中颇受欢迎，见 Battistelli、Li、Olfati-Saber 和 Kamgarpour 等人的工作[32,35,78,125]。本章采用该一致性卡尔曼滤波算法来研究传感器网络中相关的可观性问题。CM 的主要目的是对局部测量值，更准确地说是对新息对，即新息矩阵 $(\boldsymbol{H}_k^i)^{\mathrm{T}}(\boldsymbol{R}_k^i)^{-1}\boldsymbol{H}_k^i$ 和新息向量 $(\boldsymbol{H}_k^i)^{\mathrm{T}}(\boldsymbol{R}_k^i)^{-1}\boldsymbol{z}_k^i$，执行一致，使得它们以一种分布的方式接近集中式卡尔曼滤波器的更新步。该机制在下述算法 5.1 中有更为详细的阐述。

算法 5.1　CM 型一致性卡尔曼滤波算法

步骤	内容
1	对于每个节点 $i\in\mathcal{N}$,据式(5-3)和式(5-4)计算出 $\hat{\boldsymbol{x}}_{k\mid k-1}^i$ 和 $\boldsymbol{P}_{k\mid k-1}^i$
2	获得更新项 $\boldsymbol{Y}_k^i\triangleq(\boldsymbol{H}_k^i)^{\mathrm{T}}(\boldsymbol{R}_k^i)^{-1}\boldsymbol{H}_k^i,\boldsymbol{y}_k^i\triangleq(\boldsymbol{H}_k^i)^{\mathrm{T}}(\boldsymbol{R}_k^i)^{-1}\boldsymbol{z}_k^i$,并对其进行初始化 $\boldsymbol{Y}_k^i(0)\triangleq\boldsymbol{Y}_k^i$ 和 $\boldsymbol{y}_k^i(0)\triangleq\boldsymbol{y}_k^i$
3	对于 $\ell=0,1,\cdots,L-1$,对更新项执行 L 步融合： $$\boldsymbol{Y}_k^i(\ell+1)=\sum_{j\in\mathcal{N}_i}\pi^{i,j}\boldsymbol{Y}_k^j(\ell)$$ $$\boldsymbol{y}_k^i(\ell+1)=\sum_{j\in\mathcal{N}_i}\pi^{i,j}\boldsymbol{y}_k^j(\ell)$$ 式中,$\pi^{i,j}$ 为满足 $\sum_{j\in\mathcal{N}_i}\pi^{i,j}=1$ 且 $\forall i\in\mathcal{N}$ 的交互权重项,也是权重矩阵 Π 的第 i,j 项。其中,$j\in\mathcal{N}_i$,$\pi^{i,j}\in(0\ 1)$,$j\notin\mathcal{N}_i$,$\pi^{i,j}=0$
4	更新信息矩阵和信息向量 $$(\boldsymbol{P}_k^i)^{-1}=(\boldsymbol{P}_{k\mid k-1}^i)^{-1}+\omega\boldsymbol{Y}_k^i(L)$$ $$(\boldsymbol{P}_k^i)^{-1}\hat{\boldsymbol{x}}_k^i=(\boldsymbol{P}_{k\mid k-1}^i)^{-1}\hat{\boldsymbol{x}}_{k\mid k-1}^i+\omega\boldsymbol{y}_k^i(L)$$ 式中,ω 为一个标量参数选为 $\lvert\mathcal{N}\rvert$
5	由上式计算出 $\boldsymbol{P}_k^i$ 和 $\hat{\boldsymbol{x}}_k^i$
6	设 $k=k+1$,重复 1~5 步。

5.4　加权一致可观性

本书 2.2 节给出了一致可观性的定义[11]，该定义对单一的卡尔曼滤波器是有效的，但并不适用于分布式滤波情形。事实上，在典型的分布式传感器网络中，每个节点对待观测目标只会得到一个受限的观测，这意味着每个节点可能均不满足一致可观性条件。因此，一个迫切需要解决的问题是，如何改进现有的可观性条件使之适用于在局部不可观性条件下的分布式状态估计问题。下面提出加权一致可观性并研究其在传感器网络中的分布式状态估计问题。

定义 5.1　加权一致可观性　如果存在整数 $1 \leqslant m < \infty$ 和常数 $0 < \underline{\gamma} \leqslant \bar{\gamma} < \infty$，对所有 $k \geqslant m$ 和 $i \in \mathcal{N}$ 有

$$\underline{\gamma} \boldsymbol{I}_n \leqslant \mathcal{O}(l,k) \leqslant \bar{\gamma} \boldsymbol{I}_n$$

其中

$$\mathcal{O}(l,k) = \sum_{l=k-m}^{k} \sum_{j \in \mathcal{N}} \pi_L^{i,j} \boldsymbol{\phi}^{\mathrm{T}}(l,k) (\boldsymbol{H}_l^j)^{\mathrm{T}} (\boldsymbol{R}_l^j)^{-1} \boldsymbol{H}_l^j \boldsymbol{\phi}(l,k) \tag{5-7}$$

则式（5-1）和式（5-2）的系统称为加权一致可观的。其中，$\boldsymbol{\phi}(k,k) = \boldsymbol{I}_n$，有

$$\boldsymbol{\phi}(l,k) = (\boldsymbol{F}_l)^{-1} (\boldsymbol{F}_{l+1})^{-1} \cdots (\boldsymbol{F}_{k-1})^{-1}$$

并且 $\pi_L^{i,j}$ 是 $(\boldsymbol{\Pi})^L$ 的第 i，j 个元素。

注释 5.1　因为权重矩阵 $\boldsymbol{\Pi}$（$\boldsymbol{\Pi} = [\pi^{i,j}]$）是行随机的，可以看出，在测量矩阵相同的情况下，系统的加权一致可观性退化到一致可观性，即 $\boldsymbol{H}_k^i = \boldsymbol{H}_k^j$，$i \neq j$。

注释 5.2　从式（5-7）可知，加权一致可观性条件要弱于局部一致可观性条件。也就是说，如果每个节点都是一致可观的，那么相应的分布式估计系统必是加权一致可观的。但可观性 Gramian 矩阵的正定性并不要求每个节点都是可观的。即使所有的节点都不可观的，它们依然可达到加权一致可观性的条件。

注释 5.3　如果交互权重 $\pi^{i,j}$，i，$j \in \mathcal{N}$ 或它们的一致界是提前已知的，加权一致可观性的条件可以被提前检验出来。为了满足这样的需要，将在后面的章节构造出一个新的能保证加权一致可观性条件的离线权重选择方法。

5.5　误差协方差界

考虑加权一致可观性的定义，下面进一步探索加权一致可观性条件的重要性及其在稳定性分析过程中的应用。首先引出下面的假设和引理。

假设 5.1　存在实数 $\underline{f}$，$\bar{f}$，$\underline{h}^i$，$\bar{h}^i \neq 0$，$i \in \mathcal{N}$ 和正常数 $\underline{q}$，$\bar{q}$，$\underline{r}$，$\bar{r} > 0$，使得对任意 $k \geqslant 0$，$i \in \mathcal{N}$，下列矩阵的界满足下式：

$$\underline{f}^2\boldsymbol{I}_n \leqslant \boldsymbol{F}_k^i(\boldsymbol{F}_k^i)^{\mathrm{T}} \leqslant \bar{f}^2\boldsymbol{I}_n \tag{5-8}$$

$$\underline{h}^{i^2}\boldsymbol{I}_m \leqslant \boldsymbol{H}_k^i(\boldsymbol{H}_k^i)^{\mathrm{T}} \leqslant \bar{h}^{i^2}\boldsymbol{I}_m \tag{5-9}$$

$$\underline{q}\,\boldsymbol{I}_n \leqslant \boldsymbol{Q}_k \leqslant \bar{q}\boldsymbol{I}_n \tag{5-10}$$

$$\underline{r}^i\boldsymbol{I}_m \leqslant \boldsymbol{R}_k^i \leqslant \bar{r}^i\boldsymbol{I}_m \tag{5-11}$$

假设 5.2 CM 型一致性卡尔曼滤波器的初始误差协方差 $\boldsymbol{P}_0^i$ 是半正定矩阵，$i\in\mathcal{N}$。

引理 5.1 考虑式（5-4）和假设 5.1，如果存在正实数 $\underline{p}$，使得对所有 $k>0$，$i\in\mathcal{N}$，误差协方差 $\boldsymbol{P}_k^i$ 均满足 $\boldsymbol{P}_k^i\geqslant\underline{p}\boldsymbol{I}_n$，则总存在一个正实数 $\alpha=\left(1+\frac{\bar{q}}{\underline{f}^2\underline{p}}\right)^{-1}<1$ 使得 $(\boldsymbol{P}_{k+1|k}^i)^{-1}\geqslant\alpha((\boldsymbol{F}_k^i)^{-1})^{\mathrm{T}}(\boldsymbol{P}_k^i)^{-1}(\boldsymbol{F}_k^i)^{-1}$ 对所有 $k>0$，$i\in\mathcal{N}$ 均成立。

证明 参见本书第 2 章引理 2.1 的证明。

定理 5.1 假设式（5-1）和式（5-2）的系统给出的线性随机系统满足加权一致可观性条件和假设 5.1 和假设 5.2，那么由算法 5.1 给出的误差协方差矩阵 $\boldsymbol{P}_k^i$，$i\in\mathcal{N}$，对所有 $k\geqslant m$ 都是一致有界的。即，存在正实数 $\underline{p}$ 和 $\bar{p}$，使得

$$\underline{p}\boldsymbol{I}_n \leqslant \boldsymbol{P}_k^i \leqslant \bar{p}\boldsymbol{I}_n \qquad k\geqslant m \tag{5-12}$$

式中，$\underline{p}=\left(\frac{1}{\underline{q}}+\frac{\omega\bar{h}^2}{\underline{r}}\right)^{-1}$；$\bar{h}^2=\max\left\{\bar{h}^{i^2},\ i\in\mathcal{N}\right\}$；$\underline{r}=\min\ \{\underline{r}^i,\ i\in\mathcal{N}\}$；$\bar{p}=\frac{1}{\alpha^m\omega\underline{\gamma}}$。

证明 该证明分为两部分：第 1 部分为了找到误差协方差的下界；第 2 部分应用加权一致可观性获得相应的上界。

第 1 部分 下界。由算法 5.1 得到的误差协方差可写为以下形式：

$$(\boldsymbol{P}_k^i)^{-1}=(\boldsymbol{P}_{k|k-1}^i)^{-1}+\omega\sum_{j\in\mathcal{N}}\pi_L^{i,j}(\boldsymbol{H}_k^j)^{\mathrm{T}}(\boldsymbol{R}_k^j)^{-1}\boldsymbol{H}_k^j \tag{5-13}$$

进而，应用引理 2.1，式（5-4）可写为

$$(P_{k|k-1}^i)^{-1}=Q_{k-1}^{-1}-Q_{k-1}^{-1}F_{k-1}\left[(P_{k-1}^i)^{-1}+F_{k-1}^{\mathrm{T}}Q_{k-1}^{-1}F_{k-1}\right]^{-1}\times$$
$$F_{k-1}^{\mathrm{T}}Q_{k-1}^{-1} \tag{5-14}$$
$$\leqslant Q_{k-1}^{-1} \tag{5-15}$$

综合假设 5.1、式（5-14）及式（5-13），有

$$(P_k^i)^{-1}\leqslant Q_{k-1}^{-1}+\omega\sum_{j\in\mathcal{N}}\pi_L^{i,j}(H_k^j)^{\mathrm{T}}(R_k^j)^{-1}H_k^j$$
$$\leqslant\left(\frac{1}{\underline{q}}+\frac{\omega\bar{h}^2}{\underline{r}}\right)I_n \tag{5-16}$$

最后，通过对式（5-16）取逆，获得 P_k^i，$i\in\mathcal{N}$ 的下界，即

$$P_k^i\geqslant\left(\frac{1}{\underline{q}}+\frac{\omega\bar{h}^2}{\underline{r}}\right)^{-1}I_n\triangleq\underline{p}I_n \tag{5-17}$$

第 2 部分　上界。鉴于式（5-17），基于引理 5.1，式（5-13）可写为

$$(P_k^i)^{-1}\geqslant\alpha(F_{k-1}^{-1})^{\mathrm{T}}(P_{k-1}^i)^{-1}F_{k-1}^{-1}+\omega\sum_{j\in\mathcal{N}}\pi_L^{i,j}(H_k^j)^{\mathrm{T}}(R_k^j)^{-1}H_k^j$$
$$\geqslant\alpha\Big[(F_{k-1}^{-1})^{\mathrm{T}}\Big(\alpha(F_{k-2}^{-1})^{\mathrm{T}}(P_{k-2}^i)^{-1}F_{k-2}^{-1}+\omega\sum_{j\in\mathcal{N}}\pi_L^{i,j}(H_{k-1}^j)^{\mathrm{T}}(R_{k-1}^j)^{-1}H_{k-1}^j\Big)\times$$
$$F_{k-1}^{-1}\Big]+\omega\sum_{j\in\mathcal{N}}\pi_L^{i,j}(H_k^j)^{\mathrm{T}}(R_k^j)^{-1}H_k^j \tag{5-18}$$

式（5-18）等价于

$$(P_k^i)^{-1}\geqslant\alpha^2(F_{k-1}^{-1})^{\mathrm{T}}(F_{k-2}^{-1})^{\mathrm{T}}(P_{k-2}^i)^{-1}F_{k-2}^{-1}F_{k-1}^{-1}+\omega\Big[\sum_{j\in\mathcal{N}}\pi_L^{i,j}(F_{k-1}^{-1})^{\mathrm{T}}(H_{k-1}^j)^{\mathrm{T}}\times$$
$$(R_{k-1}^j)^{-1}(H_{k-1}^j)^{-1}F_{k-1}^{-1}\Big]+\omega\sum_{j\in\mathcal{N}}\pi_L^{i,j}(H_k^j)^{\mathrm{T}}(R_k^j)^{-1}H_k^j \tag{5-19}$$

递归至 $k-m$ 步，有

$$(P_k^i)^{-1}\geqslant\alpha^{m+1}(F_{k-1}^{-1})^{\mathrm{T}}(F_{k-2}^{-1})^{\mathrm{T}}\cdots(F_{k-m-1}^{-1})^{\mathrm{T}}(P_{k-m-1}^i)^{-1}F_{k-m-1}^{-1}\cdots F_{k-2}^{-1}F_{k-1}^{-1}+$$
$$\alpha^m\omega\sum_{j\in\mathcal{N}}\pi_L^{i,j}(F_{k-1}^{-1})^{\mathrm{T}}(F_{k-2}^{-1})^{\mathrm{T}}\cdots(F_{k-m}^{-1})^{\mathrm{T}}(H_{k-m}^j)^{\mathrm{T}}(R_{k-m}^j)^{-1}H_{k-m}^jF_{k-m}^{-1}\cdots$$
$$F_{k-2}^{-1}F_{k-1}^{-1}+\cdots+\alpha^2\omega\sum_{j\in\mathcal{N}}\pi_L^{i,j}(F_{k-1}^{-1})^{\mathrm{T}}(F_{k-2}^{-1})^{\mathrm{T}}(H_{k-2}^j)^{\mathrm{T}}(R_{k-2}^j)^{-1}H_{k-2}^jF_{k-2}^{-1}F_{k-1}^{-1}+$$
$$\alpha\omega\sum_{j\in\mathcal{N}}\pi_L^{i,j}(F_{k-1}^{-1})^{\mathrm{T}}(H_{k-1}^j)^{\mathrm{T}}(R_{k-1}^j)^{-1}H_{k-1}^jF_{k-1}^{-1}+$$
$$\omega\sum_{j\in\mathcal{N}}\pi_L^{i,j}(H_k^j)^{\mathrm{T}}(R_k^j)^{-1}H_k^j \tag{5-20}$$

因为0<α<1，所以 α^m 是 $\{\alpha,\ \alpha^2,\ \cdots,\ \alpha^m\}$ 的最小值。应用加权一致可观性条件，则式（5-20）可进一步写为

$$(\boldsymbol{P}_k^i)^{-1} \geqslant \alpha^{m+1} \sum_{j \in \mathcal{N}} \pi_L^{i,j} (\boldsymbol{F}_{k-1}^{-1})^{\mathrm{T}} (\boldsymbol{F}_{k-2}^{-1})^{\mathrm{T}} \cdots (\boldsymbol{F}_{k-m-1}^{-1})^{\mathrm{T}} (\boldsymbol{P}_{k-m-1}^j)^{-1} \boldsymbol{F}_{k-m-1}^{-1} \cdots \boldsymbol{F}_{k-2}^{-1} \boldsymbol{F}_{k-1}^{-1} + \alpha^m \omega \underline{\gamma} \boldsymbol{I}_n \tag{5-21}$$

至此，得到 $\boldsymbol{P}_k^i$ 的上界为

$$\boldsymbol{P}_k^i \leqslant \frac{1}{\alpha^m \omega \underline{\gamma}} \boldsymbol{I}_n \triangleq \bar{p} \boldsymbol{I}_n \qquad k \geqslant m \tag{5-22}$$

综合式（5-17）的下界和式（5-22）的上界，得到

$$\underline{p} \boldsymbol{I}_n \leqslant \boldsymbol{P}_k^i \leqslant \bar{p} \boldsymbol{I}_n \qquad k \geqslant m \tag{5-23}$$

证明完成。

由于 α 不依赖 $\underline{\gamma}$，可以根据式（5-22）得到以下误差协方差的上界和可观性 Gramian 矩阵的下界关系。

观察 5.1 由一致性卡尔曼滤波算法 5.1 得到误差协方差矩阵的一致上界 $\bar{p}$ 与加权一致可观性 Gramian 矩阵的下界 $\underline{\gamma}$ 成反比关系，即

$$\bar{p} \propto \frac{1}{\underline{\gamma}} \tag{5-24}$$

以上观察在建立误差协方差矩阵和可观性 Gramian 矩阵界的关系时非常重要，并在 5.6 节详细说明。

5.6 优化权重

在实际应用中，总想通过降低误差协方差的一致上界来提高一致性卡尔曼滤波算法的性能。基于观察 5.1 不难发现，一个可行的办法是尽可能地提高 $\underline{\gamma}$ 的值，也就是通过选择式（5-7）中合适的交互权重使得可观性 Gramian 矩阵的下界尽可能地大。由此，尝试采用该方法来找到理想的权重系数。首先，在系统是局部不可观的前提下，要求加权一致可观性在不含权重 $\pi_L^{i,j}$（$i,\ j \in \mathcal{N}$）

时是成立的。

假设 5.3　式（5-1）和式（5-2）的系统是局部不可观的，即对于任意节点 $i\in\mathcal{N}$，三元矩阵数组［$\boldsymbol{F}_k$，$\boldsymbol{H}_k^i$，$\boldsymbol{R}_k^i$］不满足一致可观性条件。

假设 5.4　存在整数 $1\leqslant m<\infty$ 和常数 $0<\underline{\gamma'}\leqslant\overline{\gamma'}<\infty$，使得可观性 Gramian 矩阵 $\mathcal{O}'(l,\ k)$ 满足下式：

$$\underline{\gamma'}\boldsymbol{I}_n\leqslant\mathcal{O}'(l,k)\leqslant\overline{\gamma'}\boldsymbol{I}_n$$

其中

$$\mathcal{O}'(l,k)=\sum_{l=k-m}^{k}\sum_{j\in\mathcal{N}}\boldsymbol{\phi}^{\mathrm{T}}(l,k)(\boldsymbol{H}_l^j)^{\mathrm{T}}(\boldsymbol{R}_l^j)^{-1}\boldsymbol{H}_l^j\boldsymbol{\phi}(l,k)\tag{5-25}$$

基于假设 5.4，引入合理的权重 $(\pi_L^{i,j})^*$ 至式（5-25）（其中 i，$j\in\mathcal{N}$），使其获得优化的下界 $\underline{\gamma}^*$，即下述问题 5.1。

问题 5.1　找到优化权重 $(\pi_L^{i,j})^*$，i，$j\in\mathcal{N}$，使得式（5.7）中的 $\mathcal{O}$（l，k）有最大下界 $\underline{\gamma}^*$，且同时满足下式：

$$\underline{\gamma}\leqslant\underline{\gamma}^*\leqslant\underline{\gamma}'\tag{5-26}$$

从系统优化的角度来看，问题 5.1 是一个关于参数 $(\pi_L^{i,j})^*$ 和 $\underline{\gamma}^*$ 的优化问题，其中 i，$j\in\mathcal{N}$。因此，借助问题 5.1 得到以下的优化问题（OP）。

优化问题 5.1　在假设 5.1 和假设 5.4 条件下，有

$$\max_{\pi_L^{i,j},\gamma\in\mathbb{R}}\gamma$$

s. t.

$$\mathcal{O}(l,k)-\gamma\boldsymbol{I}_n\geqslant 0$$

$$\sum_{j\in\mathcal{N}}\pi_L^{i,j}=1\qquad\epsilon_1\leqslant\pi_L^{i,j}\leqslant 1$$

式中，ϵ_1 为一个充分小的正数。并且有

$$\mathcal{O}(l,k)=\sum_{l=k-m}^{k}\sum_{j\in\mathcal{N}}\pi_L^{i,j}\boldsymbol{\phi}^{\mathrm{T}}(l,k)(\boldsymbol{H}_l^j)^{\mathrm{T}}(\boldsymbol{R}_l^j)^{-1}\boldsymbol{H}_l^j\boldsymbol{\phi}(l,k)$$

几个关于上述优化问题的讨论如下：

1)对任一节点 i，它们的优化权重 $\pi_L^{i,j}$ 是相同的，因为优化的是相同的局部可观性 Gramian 矩阵。也就是说，在 L 步交互后的权重矩阵将会是具有相同行向量的稳态的随机矩阵。

2)不难发现优化问题 5.1 实际上是一个半正定规划（SDP）问题。目前，许多流行的软件，如 SeDuMi[134]、CVX[130]，已经有效地用来处理这类问题。然而，由于可观性 Gramian 矩阵为时变的，因此很难计算出一组满足任意时刻都成立的权重（$\pi_L^{i,j}$）*和 $\underline{\gamma}^*$。事实上，如何决定或近似这样的值，这在优化领域依然是一个开放性问题。为了简便下面的分析，需要对系统矩阵和测量矩阵进行额外的假设，同时也保证所研究的系统是局部不可观的（对于某种特定类型的时变系统，优化问题 5.1 可以通过优化方法完美地求解出来，见本章的数值仿真部分）。

假设 5.5 在假设 5.1 中，系统矩阵 $\boldsymbol{F}_k\in\mathbb{R}^{n\times n}$ 为对角矩阵，对每个节点 $i\in\mathcal{N}$，测量矩阵 $\boldsymbol{H}_k^i\in\mathbb{R}^{1\times n}$，$i\in\mathcal{N}$ 具有形式：

$$\boldsymbol{H}_k^i=h_k^i\boldsymbol{\psi}^i$$

式中，h_k^i 为一个非零时变实数；$\boldsymbol{\psi}^i\in\mathbb{R}^{1\times n}$ 为 $\mathbb{R}^n$ 空间的标准基单位向量。

一旦假设 5.5 成立，式（5-7）的 Gramian 矩阵具有以下性质。

引理 5.2 在假设 5.1、假设 5.4 和假设 5.5 下，下列不等式成立：

$$\begin{aligned}\mathcal{O}(l,k)&\geqslant\sum_{l=k-m}^{k}\sum_{j\in\mathcal{N}}\pi_L^{i,j}\bar{f}^{2(l-k)}(\bar{r}^j)^{-1}\underline{h}^{j^2}(\boldsymbol{\psi}^j)^{\mathrm{T}}\boldsymbol{\psi}^j\\&\triangleq\underline{\mathcal{O}}(l,k)\end{aligned}$$

证明 通过矩阵运算，在假设 5.1、假设 5.4 和假设 5.5 条件下，上述结论很容易得到验证，此处证明省略。

在假设 5.1 和引理 5.2 条件下，优化问题 5.1 可以进一步放松为下述优化问题：

优化问题 5.2 在假设 5.1、假设 5.4 和假设 5.5 下，有

$$\max_{\pi_L^{i,j},\gamma\in\mathbb{R}} \gamma$$

s. t.

$$\underline{\mathcal{O}}(l,k)-\gamma\boldsymbol{I}_n\geqslant 0$$

$$\sum_{j\in\mathcal{N}}\pi_L^{i,j}=1 \qquad \epsilon_1\leqslant\pi_L^{i,j}\leqslant 1$$

一旦通过计算优化问题 5.1 或优化问题 5.2 获得了优化权重 $\boldsymbol{\Pi}_L$($\boldsymbol{\Pi}_L=[\pi_L^{i,j}]$)，下一步就需要计算出用于执行各个节点间的交互任务的初始权重矩阵。因为 $\boldsymbol{\Pi}_L=(\boldsymbol{\Pi})^L$，且初始权重矩阵 $\boldsymbol{\Pi}$ 是一个包含元素 0 的随机矩阵。在大多数情况下，对于给定的 $\boldsymbol{\Pi}_L$，很难计算出精确的 $\boldsymbol{\Pi}$。因此，可以找到一个次优的 $\boldsymbol{\Pi}$，它的 L 次幂足够接近 $\boldsymbol{\Pi}_L$。至此，优化问题 5.2 可以转化为下述的优化问题。

优化问题 5.3　给定 $\boldsymbol{\Pi}_L$，L，找到 Π^*，使得下式成立：

$$\Pi^*=\operatorname{argmin}_{\Pi}\|(\boldsymbol{\Pi})^L-\boldsymbol{\Pi}_L\|_F$$

s. t.

$$\sum_{j\in\mathcal{N}}\pi^{i,j}=1 \qquad \epsilon_2\leqslant\pi^{i,j}\leqslant 1$$

式中，ϵ_2 为另一个充分小的正数。

尽管优化问题 5.3 是一个非线性优化问题，可以利用 YALMIP 工具包[135]或直接使用 MATLAB 中的 fmincon 函数得出。

注释 5.4　与已有的分布式状态估计问题[27,129]的权重选择方式比较，提出的权重计算方法有三点优势：第一，与 Metropolis 权重和最大度权重[27]相比，权重依赖系统矩阵和测量矩阵，并由加权一致可观性准则产生，因此它具有更好的滤波器稳定性能；第二，由于它的优化先于滤波器的执行，因此不会把在线优化带入到实际的运行中，相比 Wang 的结果[129]减小了计算负担；第三，由于在线优化权重具有不可预知的特点，误差协方差矩阵的界总是依赖权重，传统方法不一定能保证权重具有一致的界，而这里介绍的方法避免了这一限制。

5.7　数值仿真

本节将用一个实例来分析如何选择优化权重。为了简化计算，假设式

（5-1）和式（5-2）的系统是一个带有 4 个切换的线性测量输出的时不变系统[136]，即

$$
\begin{aligned}
&\boldsymbol{x}_k=\boldsymbol{x}_{k-1}+\boldsymbol{w}_{k-1}\\
&z_k^i=\boldsymbol{H}^i(\theta_k)\boldsymbol{x}_k+\boldsymbol{v}_k^i \qquad i=1,2,3,4
\end{aligned}
$$

这里

$$
\begin{aligned}
&\boldsymbol{H}^1(\theta_k)=[\theta_k\ 0\quad 0\quad 0] \quad \boldsymbol{H}^2(\theta_k)=[0\ 2\theta_k\ 0\ \ 0\ ]\\
&\boldsymbol{H}^3(\theta_k)=[0\ \ 0\ \ 3\theta_k\ \ 0] \quad \boldsymbol{H}^4(\theta_k)=[0\ \ 0\ \ 0\ 4\theta_k]
\end{aligned}
$$

其中

$$
\theta_k=\begin{cases}0.8 & \text{当 } k=(m+1)\times n+1 \quad n=1,2,3,\cdots\\ 0.6 & \text{当 } k=(m+1)\times n+2 \quad n=1,2,3,\cdots\end{cases}
$$

其参数设定见表 5-1。

表 5-1　数值仿真参数设定

参数	m	N	$\boldsymbol{R}_k^i$	$\boldsymbol{Q}_k$	ϵ_1	ϵ_2
取值	1	4	1	$\boldsymbol{I}_2$	0.0001	0.0001

传感器组是通过一组有向图（见图 5-1）连接起来。

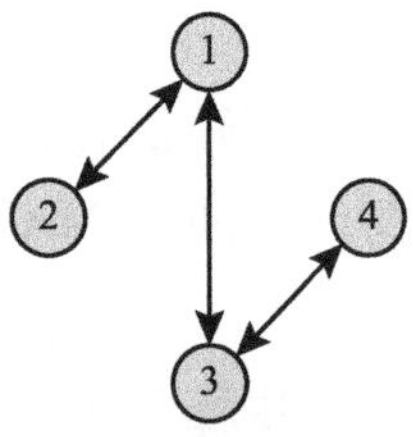

根据一致可观性定义，对每个节点而言，上述系统是不可观的。但是，由于它满足加权一致可观性。因此，同样可以用来设计一致性卡尔曼滤波器。

图 5-1　一个给定的网络拓扑结构

为了计算优化问题 5.1 的权重，采用 CVX[130] 执行优化算法，得到如下的优化权重：

$$
\pi_L^{i,1}=0.48,\pi_L^{i,2}=0.24,\pi_L^{i,3}=0.16,\pi_L^{i,4}=0.12,\underline{\gamma}=0.48
$$

接下来，通过使用 YALMIP 工具[137]（详见本书附录 B），容易计算出期望的初始权重，这里的 $L=6$，计算出初始权重矩阵为

$$
\boldsymbol{\Pi}=\begin{bmatrix}0.4078 & 0.3697 & 0.2225 & 0\\ 0.7332 & 0.2668 & 0 & 0\\ 0.6479 & 0 & 0.0024 & 0.3497\\ 0 & 0 & 0.6100 & 0.3900\end{bmatrix}
$$

基于给定的参数，可以根据定理 5.1 和式（5-17）算出 $\alpha=0.0890$。相应地，误差协方差的一致上界 $\bar{p}$ 可以由式（5-22）算出。

下面将对提出的权重选择方法和另外两种常用的权重选择方法进行比较，所得结果通过表 5-2 所示的 $\underline{\gamma}$ 和 $\bar{p}$ 来体现。明显地，本章提出的权重选择方法具有更大的下界，同时使得相应的一致性卡尔曼滤波算法的误差协方差上界更小。

表 5-2　不同权重选择方法的滤波性能的比较

方法	优化问题 4.1	优化问题 4.3	Metropolis 权重[27]	最大度权重[27]
$\underline{\gamma}$	0.48	0.4652	0.25	0.25
$\bar{p}$	22.375	23.0868	42.96	42.96

5.8　本章小结

本章提出一个新的可观性条件，即加权一致可观性，用于研究分布式状态估计问题，特别是针对传感器节点是局部不可观的情形。进而，该可观性条件被证明是必要的，且用来保证误差协方差是一致有界的。再而，一个新的权重选择方法通过利用加权一致可观性准则获得。最后，仿真结果表明这个新的权重选择方法可以带来更优的滤波器性能。此外，由于新的权重可以提前获得，所以不会给滤波器执行过程带来额外的计算负担。本书第 6 章将进一步介绍由此发展而出的一种快速协方差交叉算法。

第6章 传感器网络的快速协方差交叉算法

6.1 前言

未知的相关性普遍存在于传感器网络融合问题中，如果不能适当地解决，可能会大大降低滤波系统的估计性能。过去的20年，对传感器网络中存在的未知情形下的互相关性的研究非常丰富，有兴趣的读者可参见本书作者的一篇综述文章，即本书参考文献［133］。其中，协方差交叉算法是处理未知相关性的有效工具[9,56,63,138,139]。然而，协方差交叉算法的一个缺点是计算量，当有两个以上的信息源要融合时，对协方差交叉的优化将演变为n维欧几里得空间的非线性优化问题[10]，这在计算上很麻烦。因此，迫切需要提出一种新颖的快速的协方差交叉算法来解决此问题。

常见的快速协方差交叉算法可以分为两类，即具有离线权重的快速协方差交叉算法和具有在线权重的快速协方差交叉算法。在第一类算法中，Metropolis权重和最大度权重是最受欢迎的[27]，它们已广泛用于处理未知相关性的分布式传感器网络融合问题之中。第二类算法主要以次优的非迭代方式设计并计算权重。该方法常用于设计扩散卡尔曼滤波器[59,140] 和信息论解释[9]。

本章基于本书第5章的思想，进一步提出了一种新颖的快速协方差交叉算法，为了降低算法的计算复杂度以提升算法的计算效率，可将协方差交叉算法融合的实施分为两个阶段：离线阶段和在线阶段。其中，由优化融合权重引起的计算负担可以转移到离线设计阶段，而优化后的加权参数可用于融合算法的在线实施阶段[105]。该算法可以显著减少计算复杂度，同时将融合误差协方差的上界降至最低。这一研究结果见本书参考文献［105］，主要内容如下：

1)建立了融合误差协方差的上界与可观性Gramian矩阵之间的联系。

2)将误差协方差的优化转换为由系统矩阵组成的可观性Gramian矩阵的优化。因此，可以在实际实施之前计算协方差交叉权重。

3)在提出的联合一致可观条件下，还建立了融合的稳定性结果。

4)通过仿真验证了所提出的快速协方差交叉算法的有效性。

6.2 系统模型

考虑传感器节点个数为N的离散时间线性随机系统：

$$\boldsymbol{x}_k=\boldsymbol{F}_{k-1}\boldsymbol{x}_{k-1}+\boldsymbol{w}_{k-1} \tag{6-1}$$

$$\boldsymbol{z}_k^i=\boldsymbol{H}_k^i\boldsymbol{x}_k+\boldsymbol{v}_k^i \qquad i\in\mathcal{N} \tag{6-2}$$

式中，$\mathcal{N}=\{1,\ 2,\ \cdots,\ N\}$，为所有传感器节点的集合；$\boldsymbol{x}_k\in\mathbb{R}^n$，为状态向量；$\boldsymbol{z}_k^i\in\mathbb{R}^m$，为第 i 个节点的测量值；$\boldsymbol{F}_{k-1}$ 与 $\boldsymbol{H}_k^i$ 分别为系统矩阵和测量矩阵。$\boldsymbol{w}_{k-1}\in\mathbb{R}^n$ 和 $\boldsymbol{v}_k^i\in\mathbb{R}^m$ 分别是过程噪声和测量噪声序列，且它们是不相关的，均值为零，协方差分别为 $\boldsymbol{Q}_{k-1}$ 和 $\boldsymbol{R}_k^i$ 的高斯白噪声序列。

对于传感器网络中每个节点 i，式（6-1）和式（6-2）的系统的最优状态估计可通过如下标准的卡尔曼滤波公式得到：

$$\hat{\boldsymbol{x}}_{k|k-1}^i=\boldsymbol{F}_{k-1}\hat{\boldsymbol{x}}_{k-1}^i \tag{6-3}$$

$$\boldsymbol{P}_{k|k-1}^i=\boldsymbol{F}_{k-1}\boldsymbol{P}_{k-1}^i\boldsymbol{F}_{k-1}^{\mathrm{T}}+\boldsymbol{Q}_{k-1} \tag{6-4}$$

$$\hat{\boldsymbol{x}}_k^i=\hat{\boldsymbol{x}}_{k|k-1}^i+\boldsymbol{K}_k^i(\boldsymbol{z}_k^i-\boldsymbol{H}_k^i\hat{\boldsymbol{x}}_{k|k-1}^i) \tag{6-5}$$

$$\boldsymbol{P}_k^i=[(\boldsymbol{P}_{k|k-1}^i)^{-1}+(\boldsymbol{H}_k^i)^{\mathrm{T}}(\boldsymbol{R}_k^i)^{-1}\boldsymbol{H}_k^i]^{-1} \tag{6-6}$$

$$\boldsymbol{K}_k^i=\boldsymbol{P}_{k|k-1}^i(\boldsymbol{H}_k^i)^{\mathrm{T}}[\boldsymbol{H}_k^i\boldsymbol{P}_{k|k-1}^i(\boldsymbol{H}_k^i)^{\mathrm{T}}+\boldsymbol{R}_k^i]^{-1} \tag{6-7}$$

式中，$\boldsymbol{K}_k^i$ 为卡尔曼滤波增益；$\hat{\boldsymbol{x}}_{k|k-1}^i$ 与 $\hat{\boldsymbol{x}}_k^i$ 分别为预测步和更新步的状态估计；$\boldsymbol{P}_{k|k-1}^i$ 和 $\boldsymbol{P}_k^i$ 分别为预测步和更新步的误差协方差。

接下来，在每个时刻 k 出给出标准的 CI 融合规则：

$$\boldsymbol{P}_f^{-1}=\sum_{j\in\mathcal{N}}\omega_k^j(\boldsymbol{P}_k^j)^{-1} \tag{6-8}$$

$$\hat{\boldsymbol{x}}_f=\boldsymbol{P}_f(\sum_{j\in\mathcal{N}}\omega_k^j(\boldsymbol{P}_k^j)^{-1}\hat{\boldsymbol{x}}_k^j \tag{6-9}$$

其中

$$\omega_k^j=\arg\min_{\omega_i\in[0,1]}\operatorname{tr}\{\boldsymbol{P}_f\}$$

式中，$\omega_k^j\in[0,\ 1]$，$\sum_{i=1}^{N}\omega_k^j=1$，$\boldsymbol{P}_k^i$ 和 $\hat{\boldsymbol{x}}_k^i$ 分别为节点 i 的误差协方差和状态估计；$\boldsymbol{P}_f$ 和 $\hat{\boldsymbol{x}}_f$ 则分别为对应的融合后的值。关于协方差交叉融合的具体介绍参见本书第 4 章，这里只做简单概述。

6.3　联合一致可观性

本书第 5 章针对局部不可观条件下的分布式状态估计问题提出了加权一致可观性条件。在此基础上，本章针对系统中的局部不可观情形，提出一种新的一致可观性条件，发展出一种新颖的快速协方差交叉算法。该算法可以在减少计算负担的同时尽可能保持住融合估计的精度。

为此，首先给出如下一致可观性定义。

定义 6.1 联合一致可观性 如果存在整数 $1 \leqslant m < \infty$ 和常数 $0 < \underline{\gamma_k} \leqslant \overline{\gamma^k} < \infty$，对所有 $k \geqslant m$ 和 $j \in \mathcal{N}$，有

$$\underline{\gamma_k} \boldsymbol{I}_n \leqslant \mathcal{O}(l,k) \leqslant \overline{\gamma^k} \boldsymbol{I}_n$$

其中

$$\mathcal{O}(l,k) = \sum_{l=k-m}^{k} \sum_{j \in \mathcal{N}} \omega_k^j \boldsymbol{\phi}^{\mathrm{T}}(l,k) (\boldsymbol{H}_l^j)^{\mathrm{T}} (\boldsymbol{R}_l^j)^{-1} \boldsymbol{H}_l^j \boldsymbol{\phi}(l,k) \tag{6-10}$$

则式（6-1）和式（6-2）的系统称为联合一致可观的。其中，$\boldsymbol{\phi}(k,k) = \boldsymbol{I}_n$，有

$$\boldsymbol{\phi}(l,k) = (\boldsymbol{F}_l)^{-1} (\boldsymbol{F}_{l+1})^{-1} \cdots (\boldsymbol{F}_{k-1})^{-1}$$

并且 $\omega_k^j \in [0, 1]$，$\sum_{j=1}^{N} \omega_k^j = 1$

注释 6.1 对于提出的联合一致可观性条件进行下面的一些补充：

1) 在 $\sum_{j=1}^{N} \omega_k^j = 1$ 的条件下，如果对于每个节点测量矩阵和观测噪声矩阵都相同，则联合一致可观性等同于一致可观[11]。

2) 联合一致可观性比一致可观性更弱，因为如果每个节点都是一致可观的，则系统是联合一致可观的。但是，联合一致可观不一定要求局部节点都是可观的。

3) 联合一致可观性可以在执行算法前计算得出，这一特点有助于为基于可观性 Gramian 矩阵的快速协方差交叉算法设计离线优化的交互权重。

同时，给出下列引理。

引理 6.1[31] 如果系统矩阵 $\boldsymbol{F}_{k-1}$ 是可逆的，则有如下结论成立：

1) 给定两个正半定矩阵 $\boldsymbol{\Omega}_1$ 和 $\boldsymbol{\Omega}_2$，若 $\boldsymbol{\Omega}_1 \leqslant \boldsymbol{\Omega}_2$，有 $0 \leqslant \boldsymbol{\Psi}(\boldsymbol{\Omega}_1) \leqslant \boldsymbol{\Psi}(\boldsymbol{\Omega}_2)$ 成立，则称函数 $\boldsymbol{\Psi}(\cdot)$ 是单调非减的。

2) 对于任意正半定矩阵 $\check{\boldsymbol{\Omega}}$，存在一个严格的正数 $\check{\beta} \leqslant 1$，使得 $\boldsymbol{\Psi}(\boldsymbol{\Omega}) \geqslant \check{\beta}$

$(\boldsymbol{A}^{-1})^{\mathrm{T}}\boldsymbol{\Omega}\boldsymbol{A}^{-1}$ 对任意 $\boldsymbol{\Omega}\geqslant\breve{\boldsymbol{\Omega}}$ 均成立。

3) 对于任意正定矩阵 $\tilde{\boldsymbol{\Omega}}$，存在一个正实数 $\tilde{\beta}\leqslant1$，有 $\Psi(\boldsymbol{\Omega})\leqslant\tilde{\beta}(\boldsymbol{A}^{-1})^{\mathrm{T}}\boldsymbol{\Omega}\boldsymbol{A}^{-1}$ 对任意 $\boldsymbol{\Omega}\geqslant\tilde{\boldsymbol{\Omega}}$ 均成立。

引理 6.2[141]　存在一个正的常数 α，且 $0<\alpha<1$，使得下式成立：

$$\boldsymbol{P}_{k+1|k}^{-1}\geqslant\alpha(\boldsymbol{F}_k^{-1})^{\mathrm{T}}\boldsymbol{P}_k^{-1}\boldsymbol{F}_k^{-1} \tag{6-11}$$

接下来，得出本小节的主要结论，并以下列定理的形式给出。

定理 6.1　对于 $k\geqslant m$，如果系统式（6-1）和式（6-2）是联合一致可观的，则融合误差协方差矩阵的上界 $\overline{\boldsymbol{P}}_k$ 与相应的可观性 Gramian 矩阵 $\mathcal{O}$（l，k）成反比，即

$$\overline{\boldsymbol{P}}_k\propto\mathcal{O}(l,k)^{-1}\qquad k\geqslant m \tag{6-12}$$

证明　首先，由式（6-4）与标准的 CI 融合规则可得

$$\begin{aligned}(\boldsymbol{P}_k^f)^{-1}&=\sum_{j\in\mathcal{N}}\omega_k^j(\boldsymbol{P}_{k|k-1}^j)^{-1}+\sum_{j\in\mathcal{N}}\omega_k^j(\boldsymbol{H}_k^j)^{\mathrm{T}}(\boldsymbol{R}_k^j)^{-1}\boldsymbol{H}_k^j\\&=\sum_{j\in\mathcal{N}}\omega_k^j(\boldsymbol{F}_{k-1}^j\boldsymbol{P}_{k-1}^j(\boldsymbol{F}_{k-1}^j)^{\mathrm{T}}+\boldsymbol{Q}_{k-1})^{-1}+\sum_{j\in\mathcal{N}}\omega_k^j(\boldsymbol{H}_k^j)^{\mathrm{T}}(\boldsymbol{R}_k^j)^{-1}\boldsymbol{H}_k^j\\&\leqslant\sum_{j\in\mathcal{N}}\omega_k^j\boldsymbol{Q}_{k-1}^{-1}+\sum_{j\in\mathcal{N}}\omega_k^j(\boldsymbol{H}_k^j)^{\mathrm{T}}(\boldsymbol{R}_k^j)^{-1}\boldsymbol{H}_k^j\\&\triangleq\boldsymbol{\Pi}_k\end{aligned} \tag{6-13}$$

对于 $k\geqslant m$，根据式（6-13）与引理 6.1 可知，存在一个整数 $\alpha_k(0<\alpha_k<1)$ 使得下列不等式成立：

$$\begin{aligned}(\boldsymbol{P}_k^f)^{-1}\geqslant\alpha_k\sum_{j\in\mathcal{N}}\omega_k^j(\boldsymbol{F}_{k-1}^{-1})^{\mathrm{T}}(\boldsymbol{P}_{k-1}^j)^{-1}\boldsymbol{F}_{k-1}^{-1}+\\\sum_{j\in\mathcal{N}}\omega_k^j(\boldsymbol{H}_k^j)^{\mathrm{T}}(\boldsymbol{R}_k^j)^{-1}\boldsymbol{H}_k^j\end{aligned} \tag{6-14}$$

令 $\alpha_{k,\ell}=\alpha_k\alpha_{k-1}\cdots\alpha_l$，且 $\alpha_{k,k}=1$。继续对式（6-14）使用 $\alpha_{k,\ell}$ 进行展开：

$$\begin{aligned}(\boldsymbol{P}_k^f)^{-1}\geqslant\alpha_{k,k-1}\boldsymbol{\phi}_{k-2,k}\left[\sum_{j\in V}\omega_k^j(\boldsymbol{P}_{k-2}^j)^{-1}\right]\boldsymbol{\phi}_{k-2,k}+\\\sum_{l=k-1}^{k}\alpha_{k,l}\boldsymbol{\phi}_{l,k}^{\mathrm{T}}\left[\sum_{j\in N}\omega_k^j(\boldsymbol{H}_l^j)^{\mathrm{T}}(\boldsymbol{R}_l^j)^{-1}\boldsymbol{H}_l^j\right]\boldsymbol{\phi}_{l,k}\end{aligned}$$

$$\geqslant \alpha_{k,k-m}\boldsymbol{\phi}_{k-m-1,k}^{\mathrm{T}}\Big[\sum_{j\in N}\omega_k^j(\boldsymbol{P}_{k-m-1}^j)^{-1}\Big]\times$$

$$\boldsymbol{\phi}_{k-m-1,k}+\sum_{l=k-m}^{k}\alpha_{k,l}\boldsymbol{\phi}_{l,k}^{\mathrm{T}}\Big[\sum_{j\in N}\omega_k^j(\boldsymbol{H}_l^j)^{\mathrm{T}}(\boldsymbol{R}_i^j)^{-1}\boldsymbol{H}_l^j\Big]\boldsymbol{\phi}_{l,k}$$

$$\geqslant \alpha_{k,k-m}\boldsymbol{\phi}_{k-m-1,k}^{\mathrm{T}}\Big[\sum_{j\in N}\omega_k^j(\boldsymbol{P}_{k-m-1}^j)^{-1}\Big]\boldsymbol{\phi}_{k-m-1,k}+$$

$$\alpha_{k,k-m}\mathcal{O}(l,k) \tag{6-15}$$

由式（6–15）可得

$$\boldsymbol{P}_k^f\leqslant(\alpha_{k,k-m}\mathcal{O}(l,k))^{-1}=\alpha_{k,k-m}^{-1}\mathcal{O}(l,k)^{-1}\triangleq\overline{\boldsymbol{P}}_k \tag{6-16}$$

证明到此结束。

6.4 基于可观性格拉姆（Gramian）矩阵的快速协方差交叉算法

至此，已经建立了关于融合误差协方差的上界与可观性 Gramian 矩阵之间的关系。根据定理 6.1，优化误差协方差上界的问题将转换为优化其相应的可观性 Gramian 矩阵。实际上，由于下式成立：

$$\mathrm{tr}(\overline{\boldsymbol{P}}_k)\neq\frac{1}{\alpha_{k,k-m}\mathrm{tr}(\mathcal{O}(l,k))} \tag{6-17}$$

因此，考虑用一个另一个优化准则来替代迹。因为有 $\overline{\boldsymbol{P}}_k\leqslant\boldsymbol{\lambda}_{\max}(\overline{\boldsymbol{P}}_k)\boldsymbol{I}_n$，因此对 $\overline{\boldsymbol{P}}_k$ 的优化等同于对 $\overline{\boldsymbol{P}}_k$ 的最大特征值的最小化，也等价于对 $\mathcal{O}(l,\ k)$）的最小特征值的最大化。因此，一种基于可观性 Gramian 矩阵的快速协方差交叉规则可通过以下形式建立：

$$(\boldsymbol{P}_k^J)^{-1}=\sum_{j\in\mathcal{N}}\omega_k^j(\boldsymbol{P}_k^j)^{-1} \tag{6-18}$$

$$\hat{\boldsymbol{x}}_k^f=\boldsymbol{P}_f\Big(\sum_{j\in\mathcal{N}}\omega_k^j(\boldsymbol{P}_k^j)^{-1}\hat{\boldsymbol{x}}_k^j\Big) \tag{6-19}$$

其中，有

$$\omega_k^j=\arg\max_{\omega_k^j\in[0,1]}\boldsymbol{\lambda}_{\min}\{\mathcal{O}(l,k)\} \tag{6-20}$$

采用式（6–20）新的权重的优势有以下两点：

1）首先，该权重的计算可以离线执行，因为可观性 Gramian 矩阵 $\mathcal{O}(l,\ k)$

是由已知的系统矩阵组成的。

2)其次，式（6-20）是一个优化步骤，能够有效减少融合的发散，因为它旨在降低融合误差协方差的一致上界。

定理 6.1 可以确保融合误差协方差的有界性，下面提出的推论是对该定理的进一步拓展。

推论 6.1　考虑式（6-1）和式（6-2）的系统，并让以下假设成立：

1)如果对于每个 $i\in\mathcal{N}$，存在实数 $\underline{f}$，$\bar{f}$，$\bar{h}\neq 0$ 和正实数常数 $\underline{q}$，$\bar{q}$，$\underline{r}>0$，则对于 $k\geqslant 0$，有

$$\underline{f}^2\boldsymbol{I}_n\leqslant\boldsymbol{F}_k(\boldsymbol{F}_k)^{\mathrm{T}}\quad \boldsymbol{Q}_k\leqslant\bar{q}\boldsymbol{I}_n$$

$$\boldsymbol{H}_k^i(\boldsymbol{H}_k^i)^{\mathrm{T}}\leqslant\bar{h}^2\boldsymbol{I}_s\quad \underline{r}\boldsymbol{I}_s\leqslant\boldsymbol{R}_k^i \tag{6-21}$$

2)如果式（6-1）和式（6-2）的系统是联合一致可观的，则可观性 Gramian 矩阵具有一致的下界，即 $\underline{\gamma}_k\geqslant\underline{\gamma}$，且融合误差协方差一致有界。

证明　结合推论 6.1，从式（6-13）中得出融合误差协方差的一致下界 $\underline{p}$：

$$\boldsymbol{P}_k^f\geqslant(\boldsymbol{\Pi}_k)^{-1}\geqslant\left(\frac{1}{\underline{q}}+\frac{\bar{h}^2}{\underline{r}}\right)^{-1}\boldsymbol{I}_n\triangleq\underline{p}\boldsymbol{I}_n \tag{6-22}$$

根据式（6-13）和引理 6.2，取常数 $0<\alpha=(1+\frac{\bar{q}}{\underline{p}\,\underline{f}^2})^{-1}<1$，于是有

$$\boldsymbol{P}_k^f\leqslant(\alpha^m\mathcal{O}(l,k))^{-1}\leqslant\alpha^{-m}\underline{\gamma}^{-1}\boldsymbol{I}_n\triangleq\bar{p}\boldsymbol{I}_n \tag{6-23}$$

证明到此结束。

到目前为止，已经设计出了一种新颖的基于可观性 Gramian 矩阵的快速协方差交叉规则，见式（6-18）~式（6-20）。接下来的问题是，如何有效地计算优化后的交互权重，见式（6-20）。值得注意的是，从优化的角度来看，式（6-20）是关于参数（ω_k^j）*（$j\in\mathcal{N}$）的优化问题。为了以可行的方式求解，将式（6-20）转换为以下半正定规划的优化问题，以便直接通过求解器 CVX[130] 进行求解（CVX 的使用方法参见本书附录 A）。

优化问题 6.1　在联合一致可观的条件下，对于 $k\geqslant m$

$$\max_{\omega_k^j,\gamma_k\in\mathbb{R}^1}\gamma_k \tag{6-24}$$

s. t.

$$\sum_{j\in\mathcal{N}}\omega_k^j=1 \qquad 0\leqslant\omega_k^j\leqslant 1 \tag{6-25}$$

这里

$$\gamma_k=\lambda_{\min}\left\{\sum_{l=k-m}^{k}\sum_{j\in\mathcal{N}}\omega_k^j\boldsymbol{\phi}^{\mathrm{T}}(l,k)(\boldsymbol{H}_l^j)^{\mathrm{T}}(\boldsymbol{R}_l^j)^{-1}\boldsymbol{H}_l^j\boldsymbol{\phi}(l,k)\right\} \tag{6-26}$$

借助优化问题6. 1，计算优化后的交互权重和基于可观性 Gramian 矩阵的快速协方差交叉的算法分别构造如算法 6. 1 所示。

算法 6. 1　优化交互权重算法(离线阶段)

输入	$\omega_k^j,(k<m),\boldsymbol{\phi}(l,k),\boldsymbol{H}_l^j,\boldsymbol{R}_l^j$	
输出	$\omega_k^j(k\geqslant m)$	
	步骤	内容
	1	初始化 $\omega_k^j,k<m$
	2	对于每个 $k\geqslant m$ 执行**优化问题** 6. 1
	3	收集 ω_k^j
	4	$k\leftarrow k+1$
	5	返回步骤 2
	6	输出 $\omega_k^j,k\geqslant 0$
	7	结束

算法 6. 2　基于可观性 Gramian 矩阵的快速协方差交叉(OGBFCI)算法(在线阶段)

输入	$\omega_k^j,\boldsymbol{\phi}(l,k),\boldsymbol{H}_l^j,\boldsymbol{R}_l^j$	
输出	$\boldsymbol{P}_k^f,k\geqslant 1$	
	步骤	内容
	1	$\hat{\boldsymbol{x}}_0^j,\hat{\boldsymbol{P}}_0^j,j\in\mathcal{N}$
	2	对于每个 $k\geqslant 1$ 执行式(6-3)~式(6-9)
	3	收集 $\boldsymbol{P}_k^f$
	4	$k\leftarrow k+1$
	5	返回步骤 2
	6	结束

注释 6.2　这里提出的新颖的快速协方差交叉算法不涉及在线计算负担，因为计算权重的方法是基于系统矩阵的，这些矩阵在计算之前均是已知的。在离线阶段，可以通过优化求解器（如 CVX[130] 或 SeDuMi[134]）进行求解。

6.5　仿真例子

下面给出一个例子来说明基于可观性 Gramian 矩阵的快速协方差交叉算法的有效性。首先，考虑带有三个测量输出[13]的线性随机系统，见式（6-1）和式（6-2），即

$$\boldsymbol{x}_k=\boldsymbol{F}_k\boldsymbol{x}_{k-1}+\boldsymbol{w}_{k-1}$$
$$\boldsymbol{z}_k^i=\boldsymbol{H}^i(\theta_k)\boldsymbol{x}_k+\boldsymbol{v}_k^i \qquad i=1,2,3$$

并且，有

$$\boldsymbol{H}^1(\theta_k)=[\theta_k\ 0\ 0],\quad \boldsymbol{H}^2(\theta_k)=[0\ \sqrt{2}\theta_k\ 0],\quad \boldsymbol{H}^3(\theta_k)=[0\ 0\ \sqrt{3}\theta_k]$$

其他参数的设置如下：

$$\theta_k=1,\quad m=0,\quad \boldsymbol{R}_k^i=1,\quad \boldsymbol{F}_k=\boldsymbol{I}_3,\quad \boldsymbol{Q}_k=\boldsymbol{I}_3$$

值得注意的是，根据一致可观性的定义，就每个节点而言，系统是不可观的。但是，由于满足联合一致可观性，因此仍然适合设计滤波器。为了证明提出的算法的有效性，考虑以下三种情况，并通过与其他文献中提出的快速协方差交叉算法及标准的协方差交叉算法进行比较，来说明所提出的 OGBFCI 算法的有效性，并得到的仿真结果（见表 6-1～表 6-3）。

情形 1　离线优化。首先通过优化问题 6.1 计算权重。接下来，将所得权重下的滤波性能与最大度数权重（MMDW）下的滤波性能进行比较，结果见表 6-1 与图 6-1。

表 6-1　离线优化下的协方差交叉权重和性能比较

	ω^1	ω^2	ω^3	$\lambda_{\max}(\boldsymbol{P}_1^f)$	$\lambda_{\max}(\boldsymbol{P}_{10}^f)$	$\lambda_{\max}(\boldsymbol{P}_{100}^f)$	$\mathrm{tr}(\boldsymbol{P}_1^f)$	$\mathrm{tr}(\boldsymbol{P}_{10}^f)$	$\mathrm{tr}(\boldsymbol{P}_{100}^f)$
OGBFCI	$\frac{3}{5.5}$	$\frac{3}{11}$	$\frac{1}{5.5}$	0.9565	0.9433	0.9433	2.7238	2.7436	2.7436
MMDW[27]	$\frac{1}{3}$	$\frac{1}{3}$	$\frac{1}{3}$	1.2000	1.3027	1.3027	2.8695	2.8301	2.8301

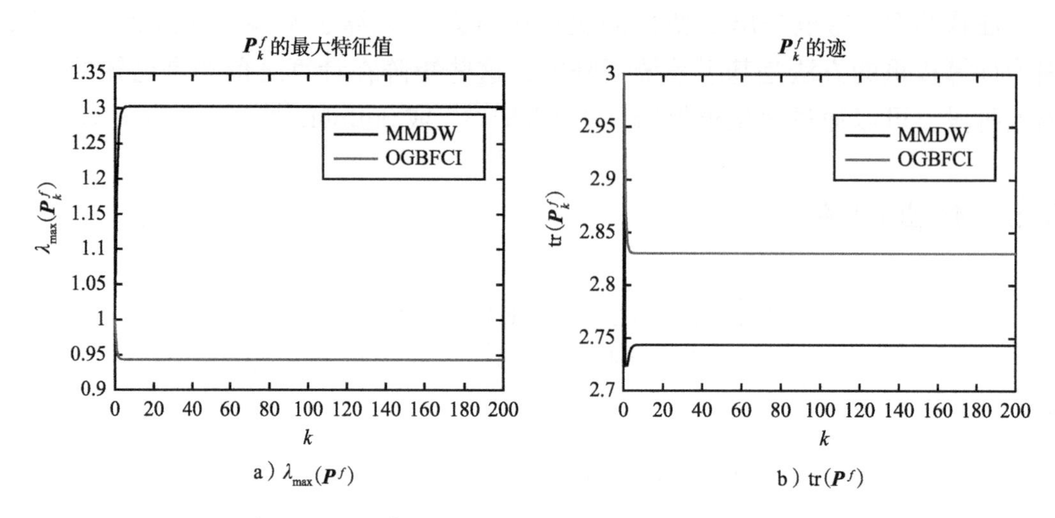

a) $\lambda_{max}(P^f)$　　b) $tr(P^f)$

图 6-1　λ_{max}（P^f）和 tr（P^f）在不同时刻下 OGBFCI 算法和 MMDW 算法的比较

情形 2　在线优化。将 OGBFCI 算法中的在线协方差交叉权重与 Farrell 和 Wang 等人所介绍的在线协方差交叉权重[9,61] 进行比较，结果见表 6-2。

表 6-2　在线权优化下的性能比较

	$\lambda_{max}(P_1^f)$	$\lambda_{max}(P_{10}^f)$	$\lambda_{max}(P_{100}^f)$
OGBFCI	0.9565	0.9433	0.9433
Farrell 权重[61]	1.2153	1.5834	1.8163
Wang 权重[9]	1.4572	1.7275	1.8390

情形 3　与标准的协方差交叉算法[7] 的比较。为了证明所提出算法的有效性，还将 OGBFCI 算法的滤波性能与标准的协方差交叉算法在最大特征值和融合误差协方差的迹这两个方面进行了比较，结果见表 6-3。

表 6-3　与标准协方差交叉算法的性能比较

	$\lambda_{max}(P_1^f)$	$\lambda_{max}(P_{10}^f)$	$\lambda_{max}(P_{100}^f)$	$tr(P_1^f)$	$tr(P_{10}^f)$	$tr(P_{100}^f)$
OGBFCI	0.9565	0.9433	0.9433	2.8695	2.8301	2.8301
标准协方差交叉算法[7]	1.1918	1.1851	1.1851	2.7228	2.7074	2.7074

综上，从表 6-1 与表 6-2 及图 6-1 所示结果可看出，本章设计的算法选择的权重导致的融合误差协方差的最大特征值较小，在迹的表现上也有一定的优势。从表 6-3 所示结果可看出，就融合误差协方差的最大特征值较小而言，本

章提出的算法可能优于标准协方差交叉算法。其原因在于本章提出的方法是最小化最大特征值而不是迹。当涉及迹时，本章提出的算法产生的迹比标准协方差交叉算法产生的迹略大。但是，由于本章提出的算法能在离线优化阶段计算出最佳权重，因此计算负担大大减少。

6.6　本章小结

本章提出了一种用于处理未知相关性的新颖的快速协方差交叉算法。与现有的协方差交叉算法不同，本章提出的算法可以离线获得优化的交互权重，同时在在线运行阶段保持滤波的精度和稳定性。首先，建立了融合误差协方差的上界与可观性 Gramian 矩阵之间的联系。接下来，将误差协方差的优化转换为由系统矩阵组成的可观性 Gramian 矩阵的优化。因此，可以在算法实际运行之前计算优化后的交互权重。此外，在提出的联合一致可观性条件的辅助下，得到了稳定的融合结果。最后，通过仿真验证了本章提出的算法的有效性。

第 7 章　基于加权平均一致的无迹卡尔曼滤波

7.1　前言

自 20 世纪 90 年代末，无迹卡尔曼滤波（UKF）[7,142] 被 S. J. Julier 和 J. K. Uhlmann 提出以来，其已发展成为解决非线性系统中状态估计问题的有效方法[48,81]。与扩展卡尔曼滤波（EKF）算法相比，UKF 往往具有更高的滤波精度，尤其是当系统具有较强非线性特性时。因此，UKF 算法无论是在民用还是军用领域都有其用武之地[7,48,81,142]。近年来，随着无线传感器网络技术的快速发展，学者们纷纷研究了面向传感器网络的分布式状态估计算法[48]。由于分布式网络缺乏融合中心，为了提高估计结果的可靠性，通常要求网络中的每个节点对目标状态的估计均能达成一致，即借助一致性理论来设计分布式滤波算法[21-23,34]。

值得注意的是，目前已有一些关于一致性滤波研究成果，但它们大都是以分布式线性卡尔曼滤波或 EKF 为基础框架，由于自身的特点，并不能直接用于分布式无迹卡尔曼滤波（DUKF）的设计中。因此，DUKF 框架下的一致性滤波问题是值得关注的问题。此外，针对 DUKF 算法的稳定性分析一直是一个挑战，其可能的原因是系统的非线性方程没有显式表达形式。对单个 UKF 算法，已有相应稳定性分析结果出现[118]。然而，对相应的 DUKF 算法的稳定性分析的相关研究还相对缺乏。

对于以上问题，本章将展示本书作者在 UKF 框架下传感器网络中基于一致性的分布式状态估计问题的研究成果[83]，主要分为算法设计和稳定性分析两部分。首先，为估计目标系统的真实状态，提出基于加权平均一致性（WAC）的 DUKF 算法。进而，在均方意义下系统地分析了算法的稳定性。此外，仿真结果验证所提出的基于 WAC 的 UKF 算法的有效性。

7.2　系统模型

考虑如下非线性离散动态系统的状态估计：

$$\boldsymbol{x}_k = f(\boldsymbol{x}_{k-1}) + \boldsymbol{w}_{k-1} \tag{7-1}$$

$$z_k^i = h^i(\boldsymbol{x}_k) + \boldsymbol{v}_k^i \qquad i = 1,2,\cdots,N \tag{7-2}$$

式中，$\boldsymbol{x}_k \in \mathbb{R}^n$，为状态向量；$z_k^i \in \mathbb{R}^m$，为第 i 个传感器的观测向量；$f(\cdot)$ 和 $h^i(\cdot)$ 为已知的非线性函数，分别表示非线性动态系统和第 i 个传感器的测量方程；$\boldsymbol{w}_{k-1}$ 为协方差为 $\boldsymbol{Q}_{k-1}$ 的过程噪声序列；$\boldsymbol{v}_k^i$ 为第 i 个传感器的测量噪声序列且其协方差为 $\boldsymbol{R}_k^i$，过程噪声和测量噪声是不相关的零均值高斯白噪声序列。传感器节点之间的通信拓扑结构由无向图 $\mathcal{G}=(\mathcal{N}, \mathcal{E})$ 表示。其中，$\mathcal{N}=\{1, 2, \cdots, N\}$，是所有传感器节点的集合；$\mathcal{E}$ 为节点间连接关系的集合。$(i, j) \in \mathcal{E}$ 表示节点 j 能接收到来自节点 i 的信息。进而，如果把节点 i 包含在其邻居节点中，把节点 i 的邻居记为 $\mathcal{N}_i(\mathcal{N}_i=\{j \mid (j, i) \in \mathcal{E}\})$，否则记为 $\mathcal{N}_i \setminus \{i\}$。

7.3 无迹卡尔曼滤波

对于每一个节点 i，执行 UKF 算法如下。

7.3.1 预测更新

基于 $k-1$ 时刻的状态估计 $\hat{\boldsymbol{x}}_{k-1}^i$ 与误差协方差矩阵 $\boldsymbol{P}_{k-1}^i$，选取 $2n+1$ 个 sigma 点

$$\boldsymbol{\chi}_{k-1}^{i,0} = \hat{\boldsymbol{x}}_{k-1}^i$$

$$\boldsymbol{\chi}_{k-1}^{i,s} = \hat{\boldsymbol{x}}_{k-1}^i + \left(\sqrt{(n+\kappa)\boldsymbol{P}_{k-1}^i}\right)_s \qquad s = 1,\cdots,n$$

$$\boldsymbol{\chi}_{k-1}^{i,s} = \hat{\boldsymbol{x}}_{k-1}^i - \left(\sqrt{(n+\kappa)\boldsymbol{P}_{k-1}^i}\right)_{s-n} \qquad s = n+1,\cdots,2n$$

式中，κ 为缩放比例参数；$\left(\sqrt{(n+\kappa)\boldsymbol{P}_{k-1}^i}\right)_s$ 为矩阵 $(n+\kappa)\boldsymbol{P}_{k-1}^i$ 二次方根的第 s 列。注意到，Cholesky 分解是一种计算矩阵二次方根的有效数值方法。

将 sigma 点集经过非线性方程 $f(\boldsymbol{x}_{k-1})$ 传播，有

$$\boldsymbol{\chi}_{k|k-1}^{i,s} = f(\boldsymbol{\chi}_{k-1}^{i,s}) \qquad s=0,\cdots,2n$$

计算系统状态量的预测及其相应的误差协方差矩阵，它们由 sigma 点集的预测值加权求和得到，即

$$\hat{\boldsymbol{x}}_{k|k-1}^i = \sum_{s=0}^{2n} W^s \boldsymbol{\chi}_{k|k-1}^{i,s}$$

$$\boldsymbol{P}_{k|k-1}^i = \sum_{s=0}^{2n} W^s (\boldsymbol{\chi}_{k|k-1}^{i,s} - \hat{\boldsymbol{x}}_{k|k-1}^i)(\boldsymbol{\chi}_{k|k-1}^{i,s} - \hat{\boldsymbol{x}}_{k|k-1}^i)^{\mathrm{T}} + \boldsymbol{Q}_{k-1}$$

相应的权值为

$$W^{s}=\begin{cases}\dfrac{\kappa}{n+\kappa} & 当\ s=0\\ \dfrac{1}{2(n+\kappa)} & 当\ s=1,\cdots,2n\end{cases}$$

7.3.2 测量更新

将映射处理后的 sigma 点集经观测方程 $h^{i}(\boldsymbol{x}_{k})$ 传播，有

$$\boldsymbol{\gamma}_{k}^{i,s}=h^{i}(\boldsymbol{\chi}_{k|k-1}^{i,s}) \qquad s=0,\cdots,2n$$

将上面得到的 sigma 点集的加权求和可得到观测估计值、观测估计协方差矩阵及状态—测量交叉协方差矩阵：

$$\hat{\boldsymbol{z}}_{k}^{i}=\sum_{s=0}^{2n}W^{s}\boldsymbol{\gamma}_{k}^{i,s}$$

$$\boldsymbol{P}_{z_{k}z_{k}}^{i}=\sum_{s=0}^{2n}W^{s}(\boldsymbol{\gamma}_{k}^{i,s}-\hat{\boldsymbol{z}}_{k}^{i})(\boldsymbol{\gamma}_{k}^{i,s}-\hat{\boldsymbol{z}}_{k}^{i})^{\mathrm{T}}+\boldsymbol{R}_{k}^{i}$$

$$\boldsymbol{P}_{x_{k}z_{k}}^{i}=\sum_{s=0}^{2n}W^{s}(\boldsymbol{\chi}_{k|k-1}^{i,s}-\hat{\boldsymbol{x}}_{k|k-1}^{i})(\boldsymbol{\gamma}_{k}^{i,s}-\hat{\boldsymbol{z}}_{k}^{i})^{\mathrm{T}}$$

式中的权值选取同上。进而，UKF 增益矩阵可按照下式求得：

$$\boldsymbol{K}_{k}^{i}=\boldsymbol{P}_{x_{k}z_{k}}^{i}(\boldsymbol{P}_{z_{k}z_{k}}^{i})^{-1}$$

最后，同卡尔曼滤波算法一样，更新状态估计值和相应的误差协方差为

$$\begin{aligned}\hat{\boldsymbol{x}}_{k}^{i}&=\hat{\boldsymbol{x}}_{k|k-1}^{i}+\boldsymbol{K}_{k}^{i}(z_{k}^{i}-\hat{\boldsymbol{z}}_{k}^{i})\\ \boldsymbol{P}_{k}^{i}&=\boldsymbol{P}_{k|k-1}^{i}-\boldsymbol{K}_{k}^{i}\boldsymbol{P}_{z_{k}z_{k}}^{i}(\boldsymbol{K}_{k}^{i})^{\mathrm{T}}\end{aligned} \tag{7-3}$$

7.4 加权平均一致性

在过去的二十多年里，一致性算法得到了广泛的研究，并取得了丰硕的成果。然而，大部分一致性算法并不能直接用于 DUKF 中。一种可能的办法是采用 Lee 和 Li 的重构伪观测矩阵[48,81]，该方法能够方便地把传统的 UKF 写成无迹卡尔曼信息滤波形式。由于伪观测矩阵采用统计线性误差传播[143] 方法获

得，其实质是一种线性回归近似，因此其近似误差不容忽视。事实上，若得不到很好的处理，该近似误差可能会导致滤波性能发散。基于上述讨论并受Battistelli研究成果[31,144]的启发，本章提出一种新的一致性算法，即加权平均一致性算法。该算法不需要求取伪观测矩阵。从算法的角度上看，该一致性算法要求在迭代的每一步，每个节点 i 运用合适的权值 $\boldsymbol{\pi}^{i,j}(j\in\mathcal{N}_i)$，计算其与邻居节点 $\mathcal{N}_i$ 的状态估计及其对应的误差协方差矩阵（$\hat{\boldsymbol{x}}_k^i$，$\boldsymbol{P}_k^i$）的局部平均值。

定义 7.1 当 ℓ 趋于∞时，若每个信息对（$\hat{\boldsymbol{x}}_k^i$，$\boldsymbol{P}_k^i$）$_{i\in\mathcal{N}}$ 都收敛于相同的量，则信息对是加权平均一致的，即

$$(\hat{\boldsymbol{x}}_k^*,\boldsymbol{P}_k^*)=\lim_{\ell\to\infty}(\hat{\boldsymbol{x}}_{k,\ell}^i,\boldsymbol{P}_{k,\ell}^i)$$

并且有，$\boldsymbol{\pi}^{ij}\geqslant 0$ 且 $\sum_{j\in\mathcal{N}_i}\boldsymbol{\pi}^{ij}=1$，$\hat{\boldsymbol{x}}_{k,0}^i=\hat{\boldsymbol{x}}_k^i$，$\boldsymbol{P}_{k,0}^i=\boldsymbol{P}_k^i$，（$\hat{\boldsymbol{x}}_{k,\ell}^i$，$\boldsymbol{P}_{k,\ell}^i$）$_{i\in\mathcal{N}}$ 是节点 i 在第 ℓ 步迭代后的值，且满足下式：

$$\hat{\boldsymbol{x}}_{k,\ell+1}^i=\sum_{j\in\mathcal{N}_i}\boldsymbol{\pi}^{ij}\hat{\boldsymbol{x}}_{k,\ell}^j \tag{7-4}$$

$$\boldsymbol{P}_{k,\ell+1}^i=\sum_{j\in\mathcal{N}_i}\boldsymbol{\pi}^{ij}\boldsymbol{P}_{k,\ell}^j \tag{7-5}$$

定理 7.1 考虑由 N 个传感器构成的无向图网络 $\mathcal{G}=(\mathcal{N},\ \mathcal{E})$，若一致性加权矩阵 $\boldsymbol{\Pi}=(\boldsymbol{\pi}^{i,j})_{n\times n}$ 是本原矩阵，则每个信息对（$\hat{\boldsymbol{x}}_k^i$，$\boldsymbol{P}_k^i$）$_{i\in\mathcal{N}}$ 均能达到加权平均一致。

证明 定义 $\hat{\boldsymbol{x}}_k\triangleq\mathrm{col}(\hat{\boldsymbol{x}}_k^i,\ i\in\mathcal{N})$，则式（7-4）可表示为如下形式：

$$\begin{aligned}\hat{\boldsymbol{x}}_{k,\ell+1}&=(\boldsymbol{\Pi}\otimes\boldsymbol{I}_n)\hat{\boldsymbol{x}}_{k,\ell}\\&=(\boldsymbol{\Pi}\otimes\boldsymbol{I}_n)\cdots(\boldsymbol{\Pi}\otimes\boldsymbol{I}_n)(\boldsymbol{\Pi}\otimes\boldsymbol{I}_n)\hat{\boldsymbol{x}}_{k,0}\\&=(\boldsymbol{\Pi}^{\ell+1}\otimes\boldsymbol{I}_n)\hat{\boldsymbol{x}}_{k,0}\end{aligned} \tag{7-6}$$

根据定义 $\boldsymbol{\pi}^{ij}\geqslant 0$，$\sum\limits_{j\in\mathcal{N}_i}\boldsymbol{\pi}^{ij}=1$，显然 $\boldsymbol{\Pi}$ 为随机矩阵。假设 $\boldsymbol{\Pi}$ 是本原矩阵。根据引理2.4可得

$$\lim_{l\to\infty}(\boldsymbol{\Pi}^{\ell+1})=\mathbf{1}\boldsymbol{v}^{\mathrm{T}} \tag{7-7}$$

式中，$\boldsymbol{v}$ 为列向量且 $\boldsymbol{v}\triangleq[v_1,\ v_2,\ \cdots,\ v_n]^{\mathrm{T}}$。

当 ℓ 趋于无穷时，有

$$\hat{\boldsymbol{x}}_{k,\ell+1}=(\mathbf{1}\boldsymbol{v}^{\mathrm{T}}\otimes\boldsymbol{I}_n)\hat{\boldsymbol{x}}_{k,0} \tag{7-8}$$

即

$$\begin{aligned}\hat{\boldsymbol{x}}^i_{k,\ell+1}&=v_1\hat{\boldsymbol{x}}^1_{k,0}+v_2\hat{\boldsymbol{x}}^2_{k,0}+\cdots+v_n\hat{\boldsymbol{x}}^n_{k,0}\\&=\hat{\boldsymbol{x}}^*_k\end{aligned} \tag{7-9}$$

同理，当 ℓ 趋于无穷时，对于协方差矩阵 $\boldsymbol{P}^i_k$ 有

$$\begin{aligned}\boldsymbol{P}^i_{k,\ell+1}&=v_1\boldsymbol{P}^1_{k,0}+v_2\boldsymbol{P}^2_{k,0}+\cdots+v_n\boldsymbol{P}^n_{k,0}\\&=\boldsymbol{P}^*_k\end{aligned} \tag{7-10}$$

至此，证明完毕。

结合前面定义的 UKF 算法及定理 7.1，可得到基于加权平均一致的 UKF 算法，即算法 7.1。

算法 7.1　基于加权平均一致的无迹卡尔曼滤波

步骤	内容
1	对于每一个节点 $i\in\mathcal{N}$，收集测量 z^i_k 并计算 $\hat{\boldsymbol{x}}^i_k=\hat{\boldsymbol{x}}^i_{k\mid k-1}+\boldsymbol{K}^i_k(z^i_k-\hat{z}^i_k)$ $\boldsymbol{P}^i_k=\boldsymbol{P}^i_{k\mid k-1}-\boldsymbol{K}^i_k\boldsymbol{P}^i_{z_kz_k}(\boldsymbol{K}^i_k)^{\mathrm{T}}$
2	初始化（设定初始值）：$\hat{\boldsymbol{x}}^i_{k,0}=\hat{\boldsymbol{x}}^i_k$，$\boldsymbol{P}^i_{k,0}=\boldsymbol{P}^i_k$
3	对于 $\ell=0,1,\cdots,L-1$，执行如下平均一致性算法： • 广播信息 $\hat{\boldsymbol{x}}^i_{k,\ell}$ 和 $\boldsymbol{P}^i_{k,\ell}$ 给它的邻居节点 $j\in\mathcal{N}_i\backslash\{i\}$； • 收集来自所有邻居节点 $j\in\mathcal{N}_i\backslash\{i\}$ 的 $\hat{\boldsymbol{x}}^j_{k,\ell}$ 和 $\boldsymbol{P}^j_{k,\ell}$； • 融合 $\hat{\boldsymbol{x}}^j_{k,\ell}$ 和 $\boldsymbol{P}^j_{k,\ell}$，即 $\hat{\boldsymbol{x}}^i_{k,\ell+1}=\sum_{j\in\mathcal{N}_i}\pi^{i,j}\hat{\boldsymbol{x}}^j_{k,\ell}$，　$\boldsymbol{P}^i_{k,\ell+1}=\sum_{j\in\mathcal{N}_i}\pi^{i,j}\boldsymbol{P}^j_{k,\ell}$
4	存储状态估计为 $\hat{\boldsymbol{x}}^i_k=\hat{\boldsymbol{x}}^i_{k,L}$，　$\boldsymbol{P}^i_k=\boldsymbol{P}^i_{k,L}$
5	执行预测步 $\hat{\boldsymbol{x}}^i_{k+1\mid k}=\sum_{s=0}^{2n}W^s\boldsymbol{\chi}^{i,s}_{k+1\mid k}$ $\boldsymbol{P}^i_{k+1\mid k}=\sum_{s=0}^{2n}W^s(\boldsymbol{\chi}^{i,s}_{k+1\mid k}-\hat{\boldsymbol{x}}^i_{k+1\mid k})(\boldsymbol{\chi}^{i,s}_{k+1\mid k}-\hat{\boldsymbol{x}}^i_{k+1\mid k})^{\mathrm{T}}+\boldsymbol{Q}_k$

注释 7.1　一致性性能依赖网络的拓扑结构。即，网络的代数连通度影响加权平均一致性水平。当无向图完全连接时，即使是很小的迭代步数 L 也可以获得满意的一致性；反之，则需要较大的 L。此外，随着 L 的增大，一致性加权矩阵 $\boldsymbol{\Pi}_L$ 中的每一个元素都趋向于$\frac{1}{N}$，这和 Olfati-Saber 定义的平均一致性问题是一致的[21]。

7.5　估计误差的随机有界性

均方意义下的估计误差有界性是衡量滤波性能的一个重要指标。对于单 UKF 算法而言，其估计误差已被证明在一定条件下是均方意义下有界的[81,118,123]。然而，目前已有的参考文献几乎未对分布式框架下 UKF 算法的稳定性进行分析。因此，本节的主要研究目的是证明本章提出的基于加权平均一致的 UKF 算法的估计误差在均方意义下是有界的。

下面考虑式（7-1）的系统模型和式（7-2）的观测模型。为了方便 DUKF 的稳定性分析，这里采用 Lefebvre 发展的统计线性回归方法[143]，为每个滤波节点引入伪系统矩阵 $\boldsymbol{\mathcal{F}}_{k-1}^{i}$和伪观测矩阵 $\boldsymbol{\mathcal{H}}_{k}^{i}$。$\boldsymbol{\mathcal{H}}_{k}^{i}$ 可以通过下式近似得到：

$$\boldsymbol{\mathcal{H}}_{k}^{i} \approx (\boldsymbol{P}_{\boldsymbol{x}_k \boldsymbol{z}_k}^{i})^{\mathrm{T}} (\boldsymbol{P}_{k|k-1}^{i})^{-1} \tag{7-11}$$

为了获得伪系统矩阵 $\boldsymbol{\mathcal{F}}_{k-1}^{i}$，需引入交叉协方差矩阵

$$\boldsymbol{P}_{\boldsymbol{x}_{k-1}\boldsymbol{x}_{k|k-1}}^{i} = \sum_{s=0}^{2n} W^{s} (\boldsymbol{\chi}_{k-1}^{i,s} - \hat{\boldsymbol{x}}_{k-1}^{i}) (\boldsymbol{\chi}_{k|k-1}^{i,s} - \hat{\boldsymbol{x}}_{k|k-1}^{i})^{\mathrm{T}} \tag{7-12}$$

至此，可近似得到 $\boldsymbol{\mathcal{F}}_{k-1}^{i}$，有

$$\boldsymbol{\mathcal{F}}_{k-1}^{i} \approx (\boldsymbol{P}_{\boldsymbol{x}_{k-1}\boldsymbol{x}_{k|k-1}}^{i})^{\mathrm{T}} (\boldsymbol{P}_{k-1}^{i})^{-1} \tag{7-13}$$

此外，为抵消近似误差，根据 Xiong 的结果[118] 分别给 $\boldsymbol{\mathcal{F}}_{k}^{i}$和 $\boldsymbol{\mathcal{H}}_{k}^{i}$ 引入误差补偿矩阵 $\boldsymbol{\alpha}_{k}^{i} = \mathrm{diag}\ (\alpha_{k,1}^{i},\ \alpha_{k,2}^{i},\ \cdots,\ \alpha_{k,n}^{i})$ 和 $\boldsymbol{\beta}_{k}^{i} = \mathrm{diag}(\beta_{k,1}^{i},\ \beta_{k,2}^{i},\ \cdots,\ \beta_{k,m}^{i})$。则式（7-1）和式（7-2）的系统可表示为

$$\boldsymbol{x}_{k} = \boldsymbol{\alpha}_{k-1}^{i} \boldsymbol{\mathcal{F}}_{k-1}^{i} \boldsymbol{x}_{k-1} + \boldsymbol{w}_{k-1} \tag{7-14}$$

$$\boldsymbol{z}_{k}^{i} = \boldsymbol{\beta}_{k}^{i} \boldsymbol{\mathcal{H}}_{k}^{i} \boldsymbol{x}_{k} + \boldsymbol{v}_{k}^{i} \qquad i = 1, 2, \cdots, N \tag{7-15}$$

进而，状态预测协方差矩阵、状态估计协方差矩阵及 UKF 增益可表示为

$$\boldsymbol{P}_{k|k-1}^{i} = \boldsymbol{\alpha}_{k-1}^{i} \boldsymbol{\mathcal{F}}_{k-1}^{i} \boldsymbol{P}_{k-1}^{i} (\boldsymbol{\alpha}_{k-1}^{i} \boldsymbol{\mathcal{F}}_{k-1}^{i})^{\mathrm{T}} + \boldsymbol{Q}_{k-1} \tag{7-16}$$

$$\boldsymbol{P}_k^i=(\boldsymbol{I}_n-\boldsymbol{K}_k^i\boldsymbol{\beta}_k^i\boldsymbol{\mathcal{H}}_k^i)\boldsymbol{P}_{k|k-1}^i \tag{7-17}$$

$$\boldsymbol{K}_k^i=\boldsymbol{P}_{k|k-1}^i(\boldsymbol{\beta}_k^i\boldsymbol{\mathcal{H}}_k^i)^{\mathrm{T}}[\boldsymbol{\beta}_k^i\boldsymbol{\mathcal{H}}_k^i\boldsymbol{P}_{k|k-1}^i(\boldsymbol{\beta}_k^i\boldsymbol{\mathcal{H}}_k^i)^{\mathrm{T}}+\boldsymbol{R}_k^i]^{-1} \tag{7-18}$$

下面结合本书第 2 章的引理及一致性算法 7.1，给出本章的主要结论。

定理 7.2 对于由式（7-1）和式（7-2）所描述的非线性随机系统和算法 7.1，若满足以下条件则网络中各节点 $i\in\mathcal{N}$ 的估计误差 $\tilde{\boldsymbol{x}}_{k+1}^i=\boldsymbol{x}_{k+1}-\hat{\boldsymbol{x}}_{k+1}^i$ 在均方意义下是指数有界的。

1) 存在实数 $\underline{\alpha}$，$\underline{f}$，$\underline{\beta}$，$\underline{h}\neq0$ 和 $\bar{\alpha}$，$\bar{f}$，$\bar{\beta}$，$\bar{h}\neq0$，使得以下关于矩阵不等式在 $k\geqslant0$ 时均成立：

$$\underline{\alpha}^2\boldsymbol{I}_n\leqslant\boldsymbol{\alpha}_k^i(\boldsymbol{\alpha}_k^i)^{\mathrm{T}}\leqslant\bar{\alpha}^2\boldsymbol{I}_n \tag{7-19}$$

$$\underline{f}^2\boldsymbol{I}_n\leqslant\boldsymbol{\mathcal{F}}_k^i(\boldsymbol{\mathcal{F}}_k^i)^{\mathrm{T}}\leqslant\bar{f}^2\boldsymbol{I}_n \tag{7-20}$$

$$\underline{\beta}^2\boldsymbol{I}_m\leqslant\boldsymbol{\beta}_k^i(\boldsymbol{\beta}_k^i)^{\mathrm{T}}\leqslant\bar{\beta}^2\boldsymbol{I}_m \tag{7-21}$$

$$\underline{h}^2\boldsymbol{I}_m\leqslant\boldsymbol{\mathcal{H}}_k^i(\boldsymbol{\mathcal{H}}_k^i)^{\mathrm{T}}\leqslant\bar{h}^2\boldsymbol{I}_m \tag{7-22}$$

2) 存在实常数 $p_{\min}$，$p_{\max}>0$，$\underline{p}$，$\bar{p}>0$，$\underline{q}$，$\bar{q}>0$ 和 $\underline{r}$，$\bar{r}>0$，使得下列不等式成立：

$$p_{\min}\leqslant p^i\leqslant p_{\max} \tag{7-23}$$

$$\underline{p}\boldsymbol{I}_n\leqslant\boldsymbol{P}_k^i\leqslant\bar{p}\boldsymbol{I}_n \tag{7-24}$$

$$\underline{q}\boldsymbol{I}_n\leqslant\boldsymbol{Q}_k\leqslant\bar{q}\boldsymbol{I}_n \tag{7-25}$$

$$\underline{r}\boldsymbol{I}_m\leqslant\boldsymbol{R}_k^i\leqslant\bar{r}\boldsymbol{I}_m \tag{7-26}$$

3) 一致性加权矩阵 $\boldsymbol{\Pi}$ 是本原随机矩阵。

证明 为简便起见，定义节点 i 的预测误差和估计误差分别为 $\tilde{\boldsymbol{x}}_{k+1|k}^i=\boldsymbol{x}_{k+1}-\hat{\boldsymbol{x}}_{k+1|k}^i$ 和 $\tilde{\boldsymbol{x}}_k^i=\boldsymbol{x}_k-\hat{\boldsymbol{x}}_k^i$，记为 $\tilde{\boldsymbol{x}}_{k+1|k}\triangleq\mathrm{col}(\tilde{\boldsymbol{x}}_{k+1|k}^i,\ i\in\mathcal{N})$，$\tilde{\boldsymbol{x}}_k\triangleq\mathrm{col}(\tilde{\boldsymbol{x}}_k^i,\ i\in\mathcal{N})$。

设 $\boldsymbol{P}=(p^1,\ \cdots,\ p^i,\ \cdots,\ p^N)^{\mathrm{T}}$ 是矩阵 $\boldsymbol{\Pi}^L(\boldsymbol{\Pi}^L=(\pi_L^{i,j})_{n\times n})$ 的 Perron-Frobenius 左向量，p^i 是正分量，则有

$$\boldsymbol{P}^{\mathrm{T}}\boldsymbol{\Pi}^L=\boldsymbol{P}^{\mathrm{T}} \tag{7-27}$$

即

$$\sum_{j\in\mathcal{N}} p^j \pi_L^{j,i} = p^i \tag{7-28}$$

选取如下随机过程：

$$V(\tilde{\boldsymbol{x}}_{k+1|k}) = \sum_{i\in\mathcal{N}} p^i (\tilde{\boldsymbol{x}}_{k+1|k}^i)^{\mathrm{T}} (\boldsymbol{P}_{k+1|k}^i)^{-1} \tilde{\boldsymbol{x}}_{k+1|k}^i \tag{7-29}$$

由定理 7.2 与式（7-16），有

$$(\overline{p\alpha}^2 \bar{f}^2 + \bar{q})^{-1} \boldsymbol{I}_n \leqslant (\boldsymbol{P}_{k+1|k}^i)^{-1} \leqslant (\underline{p}\underline{\alpha}^2 \underline{f}^2 + \underline{q})^{-1} \boldsymbol{I}_n \tag{7-30}$$

进而由式（7-23），有

$$\frac{p_{\min}}{\overline{p\alpha}^2 \bar{f}^2 + \bar{q}} \| \tilde{\boldsymbol{x}}_{k+1|k} \|^2 \leqslant V(\tilde{\boldsymbol{x}}_{k+1|k}) \leqslant \frac{p_{\max}}{\underline{p}\underline{\alpha}^2 \underline{f}^2 + \underline{q}} \| \tilde{\boldsymbol{x}}_{k+1|k} \|^2 \tag{7-31}$$

根据一致性算法的特点，当 $\ell = L-1$ 时，$\sum_{j\in\mathcal{N}} \pi_L^{i,j} = 1$，则有

$$\begin{aligned}
\tilde{\boldsymbol{x}}_{k+1|k}^i &= \boldsymbol{x}_{k+1} - \hat{\boldsymbol{x}}_{k+1|k}^i \\
&= \boldsymbol{\alpha}_k^i \boldsymbol{\mathcal{F}}_k^i (\boldsymbol{x}_k - \hat{\boldsymbol{x}}_k^i) + \boldsymbol{w}_k \qquad (7-32) \\
&= \boldsymbol{\alpha}_k^i \boldsymbol{\mathcal{F}}_k^i \left(\sum_{j\in\mathcal{N}} \pi_L^{i,j} \boldsymbol{x}_k - \sum_{j\in\mathcal{N}} \pi_L^{i,j} \hat{\boldsymbol{x}}_{k,0}^j \right) + \boldsymbol{w}_k \\
&= \boldsymbol{\alpha}_k^i \boldsymbol{\mathcal{F}}_k^i \left[\sum_{j\in\mathcal{N}} \pi_L^{i,j} (\boldsymbol{x}_k - \hat{\boldsymbol{x}}_{k,0}^j) \right] + \boldsymbol{w}_k \\
&= \boldsymbol{\alpha}_k^i \boldsymbol{\mathcal{F}}_k^i \left[\sum_{j\in\mathcal{N}} \pi_L^{i,j} (\boldsymbol{x}_k - \hat{\boldsymbol{x}}_{k|k-1}^j - \boldsymbol{K}_k^j (z_k^j - \hat{z}_k^j)) \right] + \boldsymbol{w}_k \\
&= \boldsymbol{\alpha}_k^i \boldsymbol{\mathcal{F}}_k^i \left[\sum_{j\in\mathcal{N}} \pi_L^{i,j} (\boldsymbol{I}_n - \boldsymbol{K}_k^j \boldsymbol{\beta}_k^j \boldsymbol{\mathcal{H}}_k^j)(\boldsymbol{x}_k - \hat{\boldsymbol{x}}_{k|k-1}^j) - \sum_{j\in\mathcal{N}} \pi_L^{i,j} \boldsymbol{K}_k^j \boldsymbol{v}_k^j \right] + \boldsymbol{w}_k \\
&= \sum_{j\in\mathcal{N}} \boldsymbol{\Gamma}_k^{i,j} \tilde{\boldsymbol{x}}_{k|k-1}^j + \sum_{j\in\mathcal{N}} \boldsymbol{\Xi}_k^{i,j} \boldsymbol{v}_k^j + \boldsymbol{w}_k \qquad (7-33)
\end{aligned}$$

式中，$\boldsymbol{\Gamma}_k^{i,j} = \pi_L^{i,j} \boldsymbol{\alpha}_k^i \boldsymbol{\mathcal{F}}_k^i (\boldsymbol{I}_n - \boldsymbol{K}_k^j \boldsymbol{\beta}_k^j \boldsymbol{\mathcal{H}}_k^j)$；$\boldsymbol{\Xi}_k^{i,j} = -\pi_L^{i,j} \boldsymbol{\alpha}_k^i \boldsymbol{\mathcal{F}}_k^i \boldsymbol{K}_k^j$。

将式（7-33）代入式（7-29），有

$$\begin{aligned}
&\mathbb{E}\{ V(\tilde{\boldsymbol{x}}_{k+1|k}) | \tilde{\boldsymbol{x}}_{k|k-1} \} \\
&= \mathbb{E}\left\{ \sum_{i\in\mathcal{N}} p^i (\tilde{\boldsymbol{x}}_{k+1|k}^i)^{\mathrm{T}} (\boldsymbol{P}_{k+1|k}^i)^{-1} \tilde{\boldsymbol{x}}_{k+1|k}^i | \tilde{\boldsymbol{x}}_{k|k-1} \right\} \\
&= \boldsymbol{\Phi}_{k+1}^x + \boldsymbol{\Phi}_{k+1}^v + \boldsymbol{\Phi}_{k+1}^w
\end{aligned} \tag{7-34}$$

其中

$$\boldsymbol{\Phi}_{k+1}^{x}=\mathbb{E}\Big\{\sum_{i\in\mathcal{N}}p^{i}\Big(\sum_{j\in\mathcal{N}}\boldsymbol{\Gamma}_{k}^{i,j}\tilde{\boldsymbol{x}}_{k|k-1}^{j}\Big)^{\mathrm{T}}(\boldsymbol{P}_{k+1|k}^{i})^{-1}\Big(\sum_{j\in\mathcal{N}}\boldsymbol{\Gamma}_{k}^{i,j}\tilde{\boldsymbol{x}}_{k|k-1}^{j}\Big)\mid\tilde{\boldsymbol{x}}_{k|k-1}\Big\}$$

$$\boldsymbol{\Phi}_{k+1}^{v}=\mathbb{E}\Big\{\sum_{i\in\mathcal{N}}p^{i}\Big(\sum_{j\in\mathcal{N}}\boldsymbol{\Xi}_{k}^{i,j}\boldsymbol{v}_{k}^{j}\Big)^{\mathrm{T}}(\boldsymbol{P}_{k+1|k}^{i})^{-1}\Big(\sum_{j\in\mathcal{N}}\boldsymbol{\Xi}_{k}^{i,j}\boldsymbol{v}_{k}^{j}\Big)\mid\tilde{\boldsymbol{x}}_{k|k-1}\Big\}$$

$$\boldsymbol{\Phi}_{k+1}^{w}=\mathbb{E}\Big\{\sum_{i\in\mathcal{N}}p^{i}\boldsymbol{w}_{k}^{\mathrm{T}}(\boldsymbol{P}_{k+1|k}^{i})^{-1}\boldsymbol{w}_{k}\mid\tilde{\boldsymbol{x}}_{k|k-1}\Big\} \tag{7-35}$$

首先，考虑无随机噪声的 $\boldsymbol{\Phi}_{k+1}^{x}$，注意到有

$$(\boldsymbol{P}_{k+1|k}^{i})^{-1}=[\boldsymbol{\alpha}_{k}^{i}\boldsymbol{\mathcal{F}}_{k}^{i}\boldsymbol{P}_{k}^{i}(\boldsymbol{\alpha}_{k}^{i}\boldsymbol{\mathcal{F}}_{k}^{i})^{\mathrm{T}}+\boldsymbol{Q}_{k}]^{-1} \tag{7-36}$$

由引理2.2，有

$$(\boldsymbol{P}_{k+1|k}^{i})^{-1}\leqslant((\boldsymbol{\alpha}_{k}^{i}\boldsymbol{\mathcal{F}}_{k}^{i})^{-1})^{\mathrm{T}}(\boldsymbol{P}_{k}^{i})^{-1}(\boldsymbol{\alpha}_{k}^{i}\boldsymbol{\mathcal{F}}_{k}^{i})^{-1} \tag{7-37}$$

由式（7-19）和式（7-20）可知，$(\alpha_{k}^{i}\mathcal{F}_{k}^{i})^{-1}$ 是存在的，则有

$$\begin{aligned}
\boldsymbol{\Phi}_{k+1}^{x}\leqslant{}&\mathbb{E}\Big\{\sum_{i\in\mathcal{N}}p^{i}\Big(\sum_{j\in\mathcal{N}}\boldsymbol{\Gamma}_{k}^{i,j}\tilde{\boldsymbol{x}}_{k|k-1}^{j}\Big)^{\mathrm{T}}((\boldsymbol{\alpha}_{k}^{i}\boldsymbol{\mathcal{F}}_{k}^{i})^{-1})^{\mathrm{T}}\times\\
&(\boldsymbol{P}_{k}^{i})^{-1}(\boldsymbol{\alpha}_{k}^{i}\boldsymbol{\mathcal{F}}_{k}^{i})^{-1}\Big(\sum_{j\in\mathcal{N}}\boldsymbol{\Gamma}_{k}^{i,j}\tilde{\boldsymbol{x}}_{k|k-1}^{j}\Big)\mid\tilde{\boldsymbol{x}}_{k|k-1}\Big\}\\
={}&\mathbb{E}\Big\{\sum_{i\in\mathcal{N}}p^{i}\Big[\sum_{j\in\mathcal{N}}\boldsymbol{\pi}_{L}^{i,j}\boldsymbol{\alpha}_{k}^{i}\boldsymbol{\mathcal{F}}_{k}^{i}(\boldsymbol{I}_{n}-\boldsymbol{K}_{k}^{j}\boldsymbol{\beta}_{k}^{j}\boldsymbol{\mathcal{H}}_{k}^{j})\tilde{\boldsymbol{x}}_{k|k-1}^{j}\Big]^{\mathrm{T}}\times\\
&((\boldsymbol{\alpha}_{k}^{i}\boldsymbol{\mathcal{F}}_{k}^{i})^{-1})^{\mathrm{T}}(\boldsymbol{P}_{k}^{i})^{-1}(\boldsymbol{\alpha}_{k}^{i}\boldsymbol{\mathcal{F}}_{k}^{i})^{-1}\times\\
&\Big[\sum_{j\in\mathcal{N}}\boldsymbol{\pi}_{L}^{i,j}\boldsymbol{\alpha}_{k}^{i}\boldsymbol{\mathcal{F}}_{k}^{i}(\boldsymbol{I}_{n}-\boldsymbol{K}_{k}^{j}\boldsymbol{\beta}_{k}^{j}\boldsymbol{\mathcal{H}}_{k}^{j})\tilde{\boldsymbol{x}}_{k|k-1}^{j}\Big]\mid\tilde{\boldsymbol{x}}_{k|k-1}\Big\}\\
={}&\mathbb{E}\Big\{\sum_{i\in\mathcal{N}}p^{i}\Big[\sum_{j\in\mathcal{N}}\boldsymbol{\pi}_{L}^{i,j}(\boldsymbol{I}_{n}-\boldsymbol{K}_{k}^{j}\boldsymbol{\beta}_{k}^{j}\boldsymbol{\mathcal{H}}_{k}^{j})\tilde{\boldsymbol{x}}_{k|k-1}^{j}\Big]^{\mathrm{T}}\times\\
&(\boldsymbol{P}_{k}^{i})^{-1}\Big[\sum_{j\in\mathcal{N}}\boldsymbol{\pi}_{L}^{i,j}(\boldsymbol{I}_{n}-\boldsymbol{K}_{k}^{j}\boldsymbol{\beta}_{k}^{j}\boldsymbol{\mathcal{H}}_{k}^{j})\tilde{\boldsymbol{x}}_{k|k-1}^{j}\Big]\mid\tilde{\boldsymbol{x}}_{k|k-1}\Big\}\\
={}&\mathbb{E}\Big\{\sum_{i\in\mathcal{N}}p^{i}\Big[\sum_{j\in\mathcal{N}}\boldsymbol{\pi}_{L}^{i,j}(\boldsymbol{I}_{n}-\boldsymbol{K}_{k}^{j}\boldsymbol{\beta}_{k}^{j}\boldsymbol{\mathcal{H}}_{k}^{j})\tilde{\boldsymbol{x}}_{k|k-1}^{j}\Big]^{\mathrm{T}}\times\\
&\Big(\sum_{j\in\mathcal{N}}\boldsymbol{\pi}_{L}^{i,j}\boldsymbol{P}_{k,0}^{j}\Big)^{-1}\Big[\sum_{j\in\mathcal{N}}\boldsymbol{\pi}_{L}^{i,j}(\boldsymbol{I}_{n}-\boldsymbol{K}_{k}^{j}\boldsymbol{\beta}_{k}^{j}\boldsymbol{\mathcal{H}}_{k}^{j})\tilde{\boldsymbol{x}}_{k|k-1}^{j}\Big]\mid\tilde{\boldsymbol{x}}_{k|k-1}\Big\}
\end{aligned} \tag{7-38}$$

根据式（7-17），式（7-38）可改写为

$$\begin{aligned}
\boldsymbol{\Phi}_{k+1}^{x}\leqslant{}&\mathbb{E}\Big\{\sum_{i\in\mathcal{N}}p^{i}\Big[\sum_{j\in\mathcal{N}}\boldsymbol{\pi}_{L}^{i,j}(\boldsymbol{I}_{n}-\boldsymbol{K}_{k}^{j}\boldsymbol{\beta}_{k}^{j}\boldsymbol{\mathcal{H}}_{k}^{j})\tilde{\boldsymbol{x}}_{k|k-1}^{j}\Big]^{\mathrm{T}}\times\\
&\Big[\sum_{j\in\mathcal{N}}\boldsymbol{\pi}_{L}^{i,j}(\boldsymbol{I}_{n}-\boldsymbol{K}_{k}^{j}\boldsymbol{\beta}_{k}^{j}\boldsymbol{\mathcal{H}}_{k}^{j})\boldsymbol{P}_{k|k-1}^{j}\Big]^{-1}\times
\end{aligned}$$

$$\left[\sum_{j\in\mathcal{N}}\boldsymbol{\pi}_L^{i,j}(\boldsymbol{I}_n-\boldsymbol{K}_k^j\boldsymbol{\beta}_k^j\boldsymbol{\mathcal{H}}_k^j)\tilde{\boldsymbol{x}}_{k|k-1}^j\right]|\tilde{\boldsymbol{x}}_{k|k-1}\Big\}$$

$$=\mathbb{E}\Big\{\sum_{i\in\mathcal{N}}p^i\Big[\sum_{j\in\mathcal{N}}\boldsymbol{\pi}_L^{i,j}(\boldsymbol{I}_n-\boldsymbol{K}_k^j\boldsymbol{\beta}_k^j\boldsymbol{\mathcal{H}}_k^j)\boldsymbol{P}_{k|k-1}^j(\boldsymbol{P}_{k|k-1}^j)^{-1}\tilde{\boldsymbol{x}}_{k|k-1}^j\Big]^{\mathrm{T}}\times$$
$$\Big[\sum_{j\in\mathcal{N}}\boldsymbol{\pi}_L^{i,j}(\boldsymbol{I}_n-\boldsymbol{K}_k^j\boldsymbol{\beta}_k^j\boldsymbol{\mathcal{H}}_k^j)\boldsymbol{P}_{k|k-1}^j\Big]^{-1}\times$$
$$\Big[\sum_{j\in\mathcal{N}}\boldsymbol{\pi}_L^{i,j}(\boldsymbol{I}_n-\boldsymbol{K}_k^j\boldsymbol{\beta}_k^j\boldsymbol{\mathcal{H}}_k^j)\boldsymbol{P}_{k|k-1}^j(\boldsymbol{P}_{k|k-1}^j)^{-1}\tilde{\boldsymbol{x}}_{k|k-1}^j\Big]|\tilde{\boldsymbol{x}}_{k|k-1}\Big\}\quad(7-39)$$

利用引理 2.5，由式（7-39）可得到

$$\boldsymbol{\Phi}_{k+1}^x\leqslant\mathbb{E}\Big\{\sum_{i\in\mathcal{N}}p^i\sum_{j\in\mathcal{N}}[(\boldsymbol{P}_{k|k-1}^j)^{-1}\tilde{\boldsymbol{x}}_{k|k-1}^j]^{\mathrm{T}}\boldsymbol{\pi}_L^{i,j}(\boldsymbol{I}_n-\boldsymbol{K}_k^j\boldsymbol{\beta}_k^j\boldsymbol{\mathcal{H}}_k^j)\boldsymbol{P}_{k|k-1}^j\times$$
$$(\boldsymbol{P}_{k|k-1}^j)^{-1}\tilde{\boldsymbol{x}}_{k|k-1}^j|\tilde{\boldsymbol{x}}_{k|k-1}\Big\}$$
$$=\mathbb{E}\Big\{\sum_{i\in\mathcal{N}}p^i\sum_{j\in\mathcal{N}}\boldsymbol{\pi}_L^{i,j}(\tilde{\boldsymbol{x}}_{k|k-1}^j)^{\mathrm{T}}((\boldsymbol{P}_{k|k-1}^j)^{-1})^{\mathrm{T}}(\boldsymbol{I}_n-\boldsymbol{K}_k^j\boldsymbol{\beta}_k^j\boldsymbol{\mathcal{H}}_k^j)\tilde{\boldsymbol{x}}_{k|k-1}^j|\tilde{\boldsymbol{x}}_{k|k-1}\Big\}$$
$$=\mathbb{E}\Big\{\sum_{i\in\mathcal{N}}p^i\sum_{j\in\mathcal{N}}\boldsymbol{\pi}_L^{i,j}(\tilde{\boldsymbol{x}}_{k|k-1}^j)^{\mathrm{T}}((\boldsymbol{P}_{k|k-1}^j)^{-1})^{\mathrm{T}}\tilde{\boldsymbol{x}}_{k|k-1}^j|\tilde{\boldsymbol{x}}_{k|k-1}\Big\}-$$
$$\mathbb{E}\Big\{\sum_{i\in\mathcal{N}}p^i\sum_{j\in\mathcal{N}}\boldsymbol{\pi}_L^{i,j}(\tilde{\boldsymbol{x}}_{k|k-1}^j)^{\mathrm{T}}((\boldsymbol{P}_{k|k-1}^j)^{-1})^{\mathrm{T}}(\boldsymbol{K}_k^j\boldsymbol{\beta}_k^j\boldsymbol{\mathcal{H}}_k^j)\tilde{\boldsymbol{x}}_{k|k-1}^j|\tilde{\boldsymbol{x}}_{k|k-1}\Big\}\quad(7-40)$$

接下来，将式（7-18）代入式（7-40），有

$$\boldsymbol{\Phi}_{k+1}^x\leqslant\mathbb{E}\Big\{\sum_{i\in\mathcal{N}}p^i\sum_{j\in\mathcal{N}}\boldsymbol{\pi}_L^{i,j}(\tilde{\boldsymbol{x}}_{k|k-1}^j)^{\mathrm{T}}((\boldsymbol{P}_{k|k-1}^j)^{-1})^{\mathrm{T}}\tilde{\boldsymbol{x}}_{k|k-1}^j|\tilde{\boldsymbol{x}}_{k|k-1}\Big\}-$$
$$\mathbb{E}\Big\{\sum_{i\in\mathcal{N}}p^i\sum_{j\in\mathcal{N}}\boldsymbol{\pi}_L^{i,j}(\tilde{\boldsymbol{x}}_{k|k-1}^j)^{\mathrm{T}}((\boldsymbol{P}_{k|k-1}^j)^{-1})^{\mathrm{T}}\times$$
$$[\boldsymbol{P}_{k|k-1}^j(\boldsymbol{\beta}_k^j\boldsymbol{\mathcal{H}}_k^j)^{\mathrm{T}}[\boldsymbol{\beta}_k^j\boldsymbol{\mathcal{H}}_k^j\boldsymbol{P}_{k|k-1}^j(\boldsymbol{\beta}_k^j\boldsymbol{\mathcal{H}}_k^j)^{\mathrm{T}}+\boldsymbol{R}_k^j]^{-1}\times$$
$$\boldsymbol{\beta}_k^j\boldsymbol{\mathcal{H}}_k^j]\tilde{\boldsymbol{x}}_{k|k-1}^j|\tilde{\boldsymbol{x}}_{k|k-1}\Big\}\quad(7-41)$$

由引理 2.3 可知，存在实数 $0<\lambda<\lambda_0\leqslant1$，有

$$\lambda_0=\min\left\{\frac{\lambda_{\min}[(\boldsymbol{\beta}_l^j\boldsymbol{\mathcal{H}}_l^j)^{\mathrm{T}}[\boldsymbol{\beta}_l^j\boldsymbol{\mathcal{H}}_l^j\boldsymbol{P}_{l|l-1}^j(\boldsymbol{\beta}_l^j\boldsymbol{\mathcal{H}}_l^j)^{\mathrm{T}}+\boldsymbol{R}_l^j]^{-1}\boldsymbol{\beta}_l^j\boldsymbol{\mathcal{H}}_l^j]}{\lambda_{\max}[(\boldsymbol{P}_{l|l-1}^j)]}\right\}$$

式中，$j\in\mathcal{N}$；$l=0，1，\cdots，k$。

那么，有

$$\lambda(\boldsymbol{P}^j_{k|k-1})^{-1}\leqslant(\boldsymbol{\beta}^j_k\boldsymbol{\mathcal{H}}^j_k)^{\mathrm{T}}[\boldsymbol{\beta}^j_k\boldsymbol{\mathcal{H}}^j_k\boldsymbol{P}^j_{k|k-1}(\boldsymbol{\beta}^j_k\boldsymbol{\mathcal{H}}^j_k)^{\mathrm{T}}+\boldsymbol{R}^j_k]^{-1}\boldsymbol{\beta}^j_k\boldsymbol{\mathcal{H}}^j_k \tag{7-42}$$

把式（7-42）代入式（7-41），有

$$\begin{aligned}\boldsymbol{\Phi}^x_{k+1}\leqslant&\mathbb{E}\left\{\sum_{i\in\mathcal{N}}p^i\sum_{j\in\mathcal{N}}\pi^{i,j}_L(\tilde{\boldsymbol{x}}^j_{k|k-1})^{\mathrm{T}}((\boldsymbol{P}^j_{k|k-1})^{-1})^{\mathrm{T}}\tilde{\boldsymbol{x}}^j_{k|k-1}\mid\tilde{\boldsymbol{x}}_{k|k-1}\right\}-\\&\lambda\mathbb{E}\left\{\sum_{i\in\mathcal{N}}p^i\sum_{j\in\mathcal{N}}\pi^{i,j}_L(\tilde{\boldsymbol{x}}^j_{k|k-1})^{\mathrm{T}}((\boldsymbol{P}^j_{k|k-1})^{-1})^{\mathrm{T}}\tilde{\boldsymbol{x}}^j_{k|k-1}\mid\tilde{\boldsymbol{x}}_{k|k-1}\right\}\\=&(1-\lambda)\mathbb{E}\left\{\sum_{i,j\in\mathcal{N}}p^i\pi^{i,j}_L(\tilde{\boldsymbol{x}}^j_{k|k-1})^{\mathrm{T}}((\boldsymbol{P}^j_{k|k-1})^{-1})^{\mathrm{T}}\tilde{\boldsymbol{x}}^j_{k|k-1}\mid\tilde{\boldsymbol{x}}_{k|k-1}\right\}\\=&(1-\lambda)\mathbb{E}\left\{\sum_{j\in\mathcal{N}}p^j(\tilde{\boldsymbol{x}}^j_{k|k-1})^{\mathrm{T}}((\boldsymbol{P}^j_{k|k-1})^{-1})^{\mathrm{T}}\tilde{\boldsymbol{x}}^j_{k|k-1}\mid\tilde{\boldsymbol{x}}_{k|k-1}\right\}\\=&(1-\lambda)\mathbb{E}\{V(\tilde{\boldsymbol{x}}_{k|k-1})\}\end{aligned} \tag{7-43}$$

进而，考虑如下噪声项：

$$\begin{aligned}&\boldsymbol{\Phi}^v_{k+1}+\boldsymbol{\Phi}^w_{k+1}\\=&\mathbb{E}\left\{\sum_{i\in\mathcal{N}}p^i\left(\sum_{j\in\mathcal{N}}\boldsymbol{\Xi}^{i,j}_k\boldsymbol{v}^j_k\right)^{\mathrm{T}}(\boldsymbol{P}^i_{k+1|k})^{-1}\left(\sum_{j\in\mathcal{N}}\boldsymbol{\Xi}^{i,j}_k\boldsymbol{v}^j_k\right)+\right.\\&\left.\sum_{i\in\mathcal{N}}p^i\boldsymbol{w}^{\mathrm{T}}_k(\boldsymbol{P}^i_{k+1|k})^{-1}\boldsymbol{w}_k\mid\tilde{\boldsymbol{x}}_{k|k-1}\right\}\\\leqslant&(\underline{p}\underline{\alpha}^2\underline{f}^2+\underline{q})^{-1}\mathbb{E}\left\{\sum_{i\in\mathcal{N}}p^i\left(\sum_{j\in\mathcal{N}}\boldsymbol{\Xi}^{i,j}_k\boldsymbol{v}^j_k\right)^{\mathrm{T}}\left(\sum_{j\in\mathcal{N}}\boldsymbol{\Xi}^{i,j}_k\boldsymbol{v}^j_k\right)+\right.\\&\left.\sum_{i\in\mathcal{N}}p^i\boldsymbol{w}^{\mathrm{T}}_k\boldsymbol{w}_k\mid\tilde{\boldsymbol{x}}_{k|k-1}\right\}\\=&(\underline{p}\underline{\alpha}^2\underline{f}^2+\underline{q})^{-1}\mathbb{E}\left\{\sum_{i\in\mathcal{N}}p^i\sum_{j\in\mathcal{N}}(\boldsymbol{\Xi}^{i,j}_k\boldsymbol{v}^j_k)^{\mathrm{T}}(\boldsymbol{\Xi}^{i,j}_k\boldsymbol{v}^j_k)+\right.\\&\left.\sum_{i\in\mathcal{N}}p^i\boldsymbol{w}^{\mathrm{T}}_k\boldsymbol{w}_k\mid\tilde{\boldsymbol{x}}_{k|k-1}\right\}\\=&(\underline{p}\underline{\alpha}^2\underline{f}^2+\underline{q})^{-1}\left(\sum_{i\in\mathcal{N}}p^i\sum_{j\in\mathcal{N}}\mathrm{tr}\{(\boldsymbol{\Xi}^{i,j}_k)^{\mathrm{T}}(\boldsymbol{\Xi}^{i,j}_k\boldsymbol{R}^j_k)\}+\sum_{i\in\mathcal{N}}p^i\mathrm{tr}\{\boldsymbol{Q}_k\}\right)\\=&(\underline{p}\underline{\alpha}^2\underline{f}^2+\underline{q})^{-1}\left(\sum_{i\in\mathcal{N}}p^i\sum_{j\in\mathcal{N}}\mathrm{tr}\{(-\pi^{i,j}_L\boldsymbol{\alpha}^i_k\boldsymbol{\mathcal{F}}^i_k\boldsymbol{K}^j_k)^{\mathrm{T}}\times\right.\\&\left.(-\pi^{i,j}_L\boldsymbol{\alpha}^i_k\boldsymbol{\mathcal{F}}^i_k\boldsymbol{K}^j_k\boldsymbol{R}^j_k)\}+\sum_{i\in\mathcal{N}}p^i\mathrm{tr}\{\boldsymbol{Q}_k\}\right)\end{aligned} \tag{7-44}$$

由式（7-16）和式（7-18）可得下面的不等式：

$$\| \boldsymbol{K}_k^i \| \leqslant \frac{(\overline{p}\overline{\alpha}^2\overline{f}^2+\overline{q})\overline{\beta}\overline{h}}{(\underline{p}\underline{\alpha}^2\underline{f}^2+\underline{q})\underline{\beta}^2\underline{h}^2+\underline{r}} = \bar{k} \tag{7-45}$$

接下来，将式（7-45）代入式（7-44），有

$$\begin{aligned} & \boldsymbol{\Phi}_{k+1}^v + \boldsymbol{\Phi}_{k+1}^w \\ & \leqslant (\underline{p}\underline{\alpha}^2\underline{f}^2+\underline{q})^{-1}\left[\overline{\alpha}^2\overline{f}^2\bar{k}^2\left[\sum_{i,j\in\mathcal{N}} p^i(\pi_L^{i,j})^2\right]m+\overline{q}\left(\sum_{i\in\mathcal{N}} p^i\right)n\right] \\ & \triangleq \mu \end{aligned} \tag{7-46}$$

最后，综合上述结果，有

$$\mathbb{E}\{V_{k+1}(\tilde{\boldsymbol{x}}_{k+1|k}) \mid \tilde{\boldsymbol{x}}_{k|k-1}\} - V_k(\tilde{\boldsymbol{x}}_{k|k-1}) \leqslant \mu - \lambda V_k(\tilde{\boldsymbol{x}}_{k|k-1})$$

由引理 2.6 可知，随机过程 $\tilde{\boldsymbol{x}}_{k+1|k}$ 在均方意义下是指数有界的，易得 $\tilde{\boldsymbol{x}}_{k+1|k}^i$ 也在均方意义下指数有界。

接下来证明随机过程 $\tilde{\boldsymbol{x}}_{k+1}^i$ 也在均方意义下指数有界的。由式（7-32）得到

$$\tilde{\boldsymbol{x}}_{k+1|k}^i = \boldsymbol{\alpha}_k^i \boldsymbol{\mathcal{F}}_k^i(\boldsymbol{x}_k - \hat{\boldsymbol{x}}_k^i) + \boldsymbol{w}_k \tag{7-47}$$

等式两边同时取期望，有

$$\mathbb{E}(\| \tilde{\boldsymbol{x}}_k^i \|^2\} \leqslant \underline{\alpha}^{-2}\underline{f}^{-2}(\mathbb{E}\{\| \tilde{\boldsymbol{x}}_{k+1|k}^i \|^2\} - \mathbb{E}\{\| \boldsymbol{w}_k \|^2\}) \tag{7-48}$$

采用和上述推导类似的方法，易得 $\boldsymbol{w}_k$ 是均方意义下指数有界的。因此估计误差 $\tilde{\boldsymbol{x}}_{k+1}^i$ 也是均方意义下指数有界的。

注释 7.2　Xiong、Li 和 Wang 在证明估计误差随机有界时采用的方法，需假设非线性函数 f（·）和 h（·）是连续可微的，以便求取相应的 Jocobian 矩阵[81,118,123]，这限制了 UKF 的运用。为克服以上缺点，这里选用统计线性误差传播方法[143] 来近似系统矩阵和测量矩阵。该方法在不需要假设 f（·）和 h（·）连续可微的情况下也可以避免烦琐的 Jocobian 矩阵的计算，适用范围更广更灵活。

注释 7.3　误差补偿对角矩阵 $\boldsymbol{\alpha}_k^i$ 和 $\boldsymbol{\beta}_k^i$ 是未知的，且可改变 λ 和 μ 的值。但从前面的分析过程不难得出，不管 $\boldsymbol{\alpha}_k^i$ 和 $\boldsymbol{\beta}_k^i$ 的幅值为多少，该算法仍能确保估计误差在均方意义下是有界的。

7.6 仿真例子

本节将通过仿真例子验证所提出的基于加权平均一致性的 UKF 算法的有效性。考虑图 7-1 所示的由 5 个传感器构成的无向图 $\mathcal{G}=(\mathcal{N}, \mathcal{E})$。其中，节点集 $\mathcal{N}=\{1, 2, 3, 4, 5\}$。

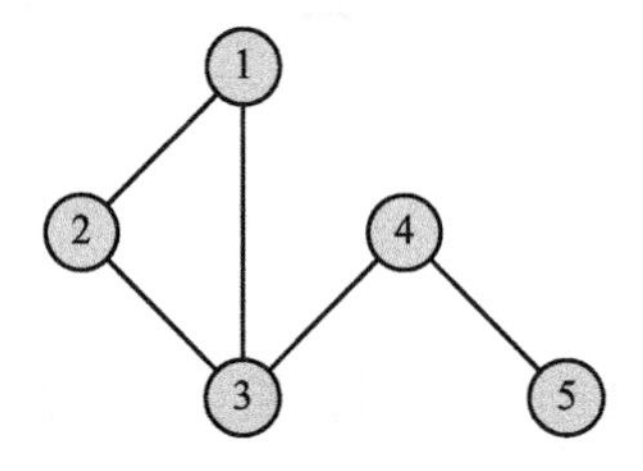

图 7-1　5 节点传感器网络无向图

图 7-1 中，两个节点之间的连接或弧意味着它们可以相互通信。$\pi^{i,j}$ 为一致性矩阵 $\boldsymbol{\Pi}$ 的第 (i, j) 个元素，按照 Metropolis 权重[27] 选择方法可得如下的一致性权值矩阵 $\boldsymbol{\Pi}$：

$$\boldsymbol{\Pi}=\begin{bmatrix} \frac{5}{12} & \frac{1}{3} & \frac{1}{4} & 0 & 0 \\ \frac{1}{3} & \frac{5}{12} & \frac{1}{4} & 0 & 0 \\ 0 & 0 & \frac{1}{4} & \frac{5}{12} & \frac{1}{3} \\ \frac{1}{4} & \frac{1}{4} & \frac{1}{4} & \frac{1}{4} & 0 \\ 0 & 0 & 0 & \frac{1}{3} & \frac{2}{3} \end{bmatrix}$$

考虑如下非线性随机系统：

$$\begin{bmatrix} \boldsymbol{x}_{k,1} \\ \boldsymbol{x}_{k,2} \end{bmatrix}=\begin{bmatrix} 0.3\boldsymbol{x}_{k-1,1}+\boldsymbol{x}_{k-1,2}^2 \\ (1.5-\boldsymbol{x}_{k-1,1})\boldsymbol{x}_{k-1,2} \end{bmatrix}+\boldsymbol{w}_{k-1} \tag{7-49}$$

由包含 5 个传感器的网络对其系统状态进行估计，观测方程为

$$\begin{bmatrix} z_{k,1} \\ z_{k,2} \end{bmatrix} = \begin{bmatrix} \sin(\boldsymbol{x}_{k,1})\boldsymbol{x}_{k,1} \\ 0.36\boldsymbol{x}_{k,2} + \sin(\boldsymbol{x}_{k,2})\boldsymbol{x}_{k,2} \end{bmatrix} + \boldsymbol{v}_k^i$$

$$i = 1,2,3,4,5 \tag{7-50}$$

式中，$\boldsymbol{x}_{k,1}$ 和 $\boldsymbol{x}_{k,2}$ 分别为状态 $\boldsymbol{x}_k$ 的第 1、2 个向量分量。其初始状态设为 $\boldsymbol{x}_0 = [0 \quad 0]^{\mathrm{T}}$，过程噪声协方差设为 $\boldsymbol{Q}_k = 0.01^2\boldsymbol{I}_2$，其余系统参数设为 $n+\kappa=3$，$L=5$。设置传感器网络每个节点的测量噪声的协方差矩阵与局部估计的初值（见表 7-1）。

表 7-1　传感器网络参数设置

i	1	2	3	4	5
$\boldsymbol{R}_k^i$	$0.01^2\boldsymbol{I}_2$	$0.02^2\boldsymbol{I}_2$	$0.03^2\boldsymbol{I}_2$	$0.04^2\boldsymbol{I}_2$	$0.05^2\boldsymbol{I}_2$
$\hat{\boldsymbol{x}}_0^i$	$[0.5 \quad 0.5]^{\mathrm{T}}$	$[1 \quad 1]^{\mathrm{T}}$	$[-0.5 \quad -0.5]^{\mathrm{T}}$	$[-1 \quad -1]^{\mathrm{T}}$	$[0.5 \quad 0.5]^{\mathrm{T}}$
$\boldsymbol{P}_0^i$	$\boldsymbol{I}_2$	$\boldsymbol{I}_2$	$\boldsymbol{I}_2$	$\boldsymbol{I}_2$	$\boldsymbol{I}_2$

应用算法 7.1，使用 MATLAB 仿真模拟，迭代 100 步后，得到每个滤波器节点的滤波增益和协方差矩阵（见表 7-2）。

表 7-2　迭代 100 步模拟仿真得到的每个滤波器节点的滤波增益和协方差矩阵

i	$\boldsymbol{K}_{100}^i$	$\boldsymbol{P}_{100}^i$
1	$\begin{bmatrix} -0.0018 & 0.2595 \\ 0.0075 & -5.4322 \end{bmatrix}$	$\begin{bmatrix} 0.2752 & -0.9257 \\ -0.9257 & 0.0190 \end{bmatrix}$
2	$\begin{bmatrix} 0.0005 & 0.0722 \\ -0.0022 & -1.6156 \end{bmatrix}$	$\begin{bmatrix} 0.2752 & -0.9257 \\ -0.9257 & 0.0190 \end{bmatrix}$
3	$\begin{bmatrix} 0.0002 & 0.0358 \\ 0.0010 & -0.7418 \end{bmatrix}$	$\begin{bmatrix} 0.2742 & -0.9166 \\ -0.9166 & 0.0188 \end{bmatrix}$
4	$\begin{bmatrix} -0.0001 & 0.0207 \\ 0.0006 & -0.4193 \end{bmatrix}$	$\begin{bmatrix} 0.2718 & -0.8953 \\ -0.8953 & 0.0182 \end{bmatrix}$
5	$\begin{bmatrix} -0.0007 & 0.0134 \\ 0.0004 & -0.2690 \end{bmatrix}$	$\begin{bmatrix} 0.2707 & -0.8857 \\ -0.8857 & 0.0180 \end{bmatrix}$

两个向量分量的仿真结果如图 7-2 和图 7-3 所示。其中，图 7-2a 和图 7-3a 所示为系统的真实状态 $\boldsymbol{x}_k$ 及其估计状态 $\hat{\boldsymbol{x}}_k^i$，图 7-2b 和图 7-3b 所示为估计误差 $\tilde{\boldsymbol{x}}_k^i=\boldsymbol{x}_k-\hat{\boldsymbol{x}}_k^i$（$i=1$，2，3，4，5）的效果图。可见，算法不到 10 步就达到收敛。仿真结果表明，基于加权平均一致的 UKF 算法具有较好的估计性能和一致性性能。

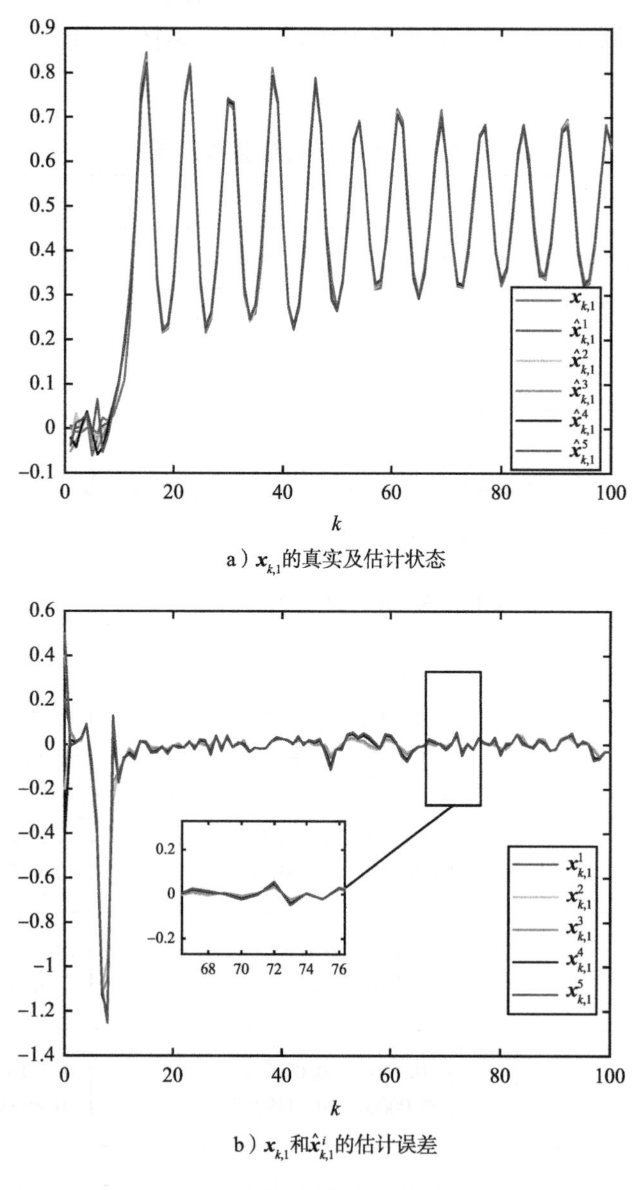

a）$\boldsymbol{x}_{k,1}$的真实及估计状态

b）$\boldsymbol{x}_{k,1}$和$\hat{\boldsymbol{x}}_{k,1}^i$的估计误差

图 7-2　$\boldsymbol{x}_{k,1}$ 的估计和估计误差

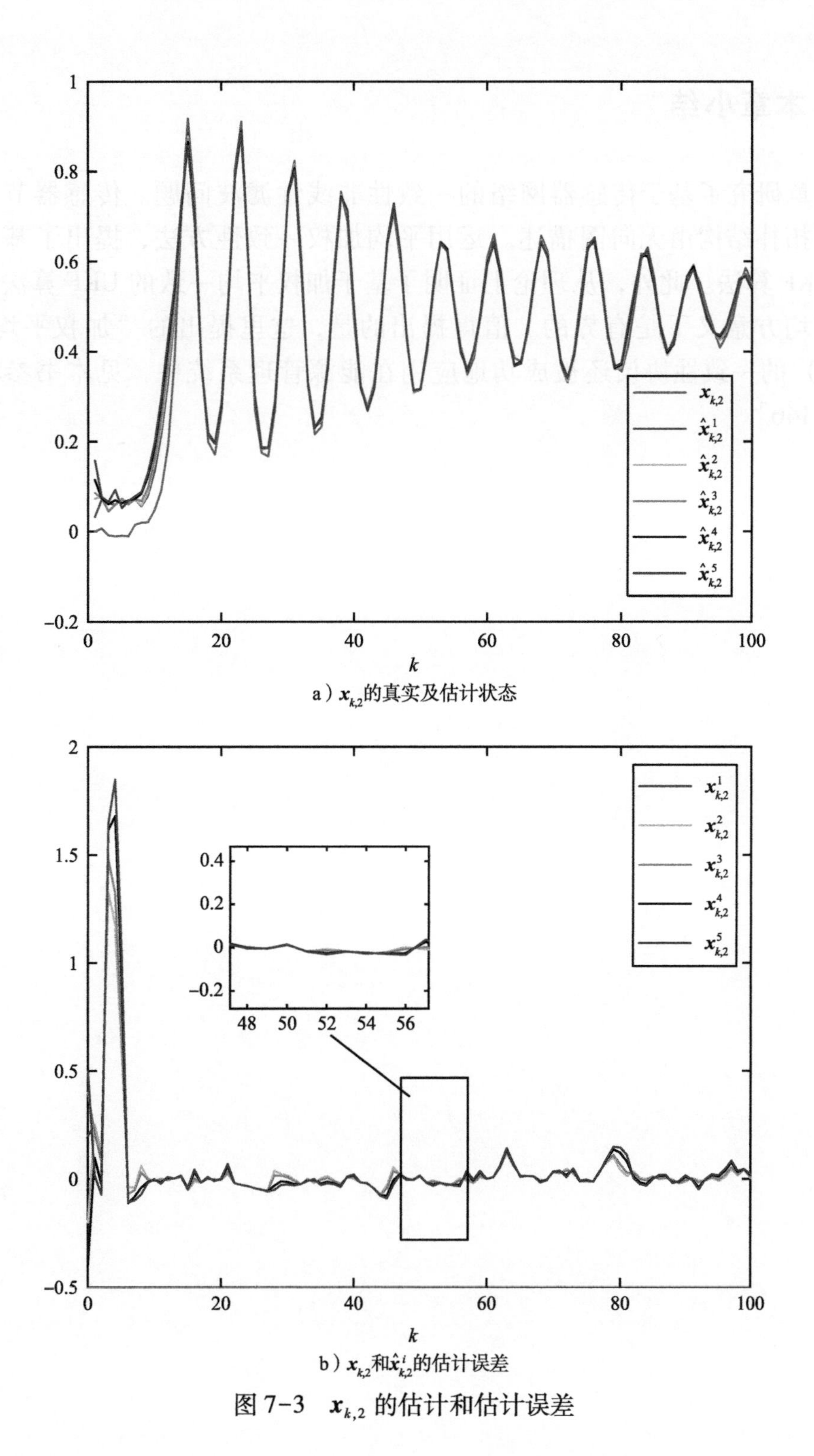

a）$x_{k,2}$的真实及估计状态

b）$x_{k,2}$和$\hat{x}_{k,2}^i$的估计误差

图 7-3　$x_{k,2}$ 的估计和估计误差

7.7 本章小结

本章研究了基于传感器网络的一致性非线性滤波问题。传感器节点之间的通信拓扑结构由无向图描述。运用平均加权一致性方法，提出了基于一致性的 UKF 算法。此外，从理论上证明了基于加权平均一致的 UKF 算法的估计误差在均方意义下是有界的。值得提出的是，这里提出的“加权平均一致”（WAC）的一致性协议还被成功地应用在能源管理系统中，见本书参考文献[145，146]。

第8章　饱和现象下基于信息一致的无迹卡尔曼滤波

8.1　前言

在实际系统中，饱和现象无处不在，这意味着传感器不能提供无限幅度的信号。但这一现象若得不到很好处理，系统的稳定性能将会受到影响。因此，关于系统中饱和现象的研究得到了大量的关注[87,147-149]。在已有的工作里，通常处理办法是将饱和现象转化为扇形非线性问题来研究。在此假设下，可以方便地运用线性矩阵不等式来将原问题转化为半定规划（semi-definite programming，SDP）问题来处理。然而实际中，这种性质并不一定满足。对此，本章基于无迹卡尔曼滤波（UKF）框架研究饱和现象下分布式估计问题。特别地，这里考虑的系统同时具有状态饱和和传感器饱和。

近年来，随着分布式架构设计的流行[18,21,89,144]，学者们逐渐把注意力转向设计分布式无迹卡尔曼滤波器（DUKF）[48,125]。然而，在已出版的大部分文献中，分布式估计算法是基于卡尔曼滤波算法或 EKF 算法[150]。遗憾的是，尽管 UKF 具有重要的现实意义，但在面向传感器网络的研究还相对较少。本书第 7 章介绍了基于 WAC 的 DUKF 算法，为此，本章继续在 UKF 框架下探讨面向传感器网络中的分布式状态估计和一致性问题，尤其是在不理想的环境下。本章的主要内容取自本书参考文献［86］。

本章针对具有饱和现象的传感器网络，研究了基于一致性的 DUKF 算法。首先，传感器之间的通信网络用无向图表示。饱和现象源于系统状态的动态方程和每个传感器的测量方程。接着，基于本书第 3 章介绍的基于信息一致（CI）的一致性方法，提出了一种一致性 UKF 算法。仿真实验表明，本章提出的基于信息一致的 DUKF 在带有饱和现象传感器网络的情形下仍能对系统状态进行较准确的估计。这里因算法的稳定性分析方法与本书第 7 章的类似，本章不再叙述。

8.2　系统模型

考虑如下具有状态饱和和传感器饱和的系统模型：

$$\boldsymbol{x}_k = \varrho(\boldsymbol{F}_{k-1}\boldsymbol{x}_{k-1}) + \boldsymbol{w}_{k-1} \tag{8-1}$$

$$\boldsymbol{z}_k^i = \varrho(\boldsymbol{H}_k^i \boldsymbol{x}_k) + \boldsymbol{v}_k^i \qquad i = 1,2,\cdots,N \tag{8-2}$$

式中，$\boldsymbol{x}_k \in \mathbb{R}^n$，为状态向量；$\boldsymbol{z}_k^i \in \mathbb{R}^m$，为传感器 i 的观测向量；$\boldsymbol{F}_k$ 和 $\boldsymbol{H}_k^i$ 分别为系统矩阵和观测矩阵。过程噪声 $\boldsymbol{w}_{k-1}$ 为协方差矩阵 $\boldsymbol{Q}_{k-1}$ 的零均值高斯白噪声序列，测量噪声 $\boldsymbol{v}_k^i$ 是协方差矩阵为 $\boldsymbol{R}_k^i$ 的零均值高斯白噪声序列。假设过程噪声和观测噪声是相互独立的零均值高斯白噪声序列。采用无向图 $\mathcal{G}=(\mathcal{N}, \mathcal{E})$ 来表示传感器之间的通信网络。其中，$\mathcal{N}=\{1, 2, \cdots, N\}$ 是所有传感器节点的集合，$\mathcal{E}$ 为节点间连接关系的集合。$(i, j)\in\mathcal{E}$ 表示节点 j 能接收到来自节点 i 的信息。进而，如果把节点 i 包含在其邻居节点中，把节点 i 的邻居记为 $\mathcal{N}_i$（$\mathcal{N}_i=\{j \mid (j, i)\in\mathcal{E}\}$），否则记为 $\mathcal{N}_i \setminus \{i\}$。同时，用饱和函数 $\varrho(x)=\mathrm{sign}(x)\min\{1, |x|\}$ 表示状态饱和和传感器饱和约束。

注释 8.1 在已有的文献中[87,147,149]，饱和非线性大多被假设为具有扇形非线性约束。此假设能够很好地减少由线性矩阵不等式方法可能带来的保守性。然而，对于实际系统，此假设往往并不满足。为了避免这些假设，本章借助 UKF 算法研究了具有饱和非线性特性的系统状态估计问题。

8.3 无迹卡尔曼滤波

8.3.1 预测更新

选择 $2n+1$ 个具有权值的 Sigma 点来近似 n 维状态变量 $\boldsymbol{x}_{k-1}$ 的均值 $\hat{\boldsymbol{x}}_{k-1|k-1}$ 和方差 $\boldsymbol{P}_{k-1|k-1}$：

$$\boldsymbol{\chi}_{k-1}^{i,0} = \hat{\boldsymbol{x}}_{k-1}^i$$

$$\boldsymbol{\chi}_{k-1}^{i,s} = \hat{\boldsymbol{x}}_{k-1}^i + \left(\sqrt{(n+\kappa)\boldsymbol{P}_{k-1}^i}\right)_s \qquad s = 1,\cdots,n$$

$$\boldsymbol{\chi}_{k-1}^{i,s} = \hat{\boldsymbol{x}}_{k-1}^i - \left(\sqrt{(n+\kappa)\boldsymbol{P}_{k-1}^i}\right)_{s-n} \qquad s = n+1,\cdots,2n$$

式中，κ 为缩放比例参数；$\left(\sqrt{(n+\kappa)\boldsymbol{P}_{k-1}^i}\right)_s$ 为矩阵 $(n+\kappa)\boldsymbol{P}_{k-1}^i$ 二次方根的第 s 列。

将 sigma 点集经过饱和方程 $\varrho(\boldsymbol{F}_{k-1}\boldsymbol{x}_{k-1})$ 传播，有

$$\boldsymbol{\chi}_{k|k-1}^{i,s}=\varrho(\boldsymbol{F}_{k-1}\boldsymbol{\chi}_{k-1}^{i,s})\qquad s=0,\cdots,2n$$

计算系统状态量的预测及其相应的误差协方差矩阵，它由 sigma 点集的预测值加权求和得到

$$\hat{\boldsymbol{x}}_{k|k-1}^{i}=\sum_{s=0}^{2n}W^{s}\boldsymbol{\chi}_{k|k-1}^{i,s}$$

$$\boldsymbol{P}_{k|k-1}^{i}=\sum_{s=0}^{2n}W^{s}(\boldsymbol{\chi}_{k|k-1}^{i,s}-\hat{\boldsymbol{x}}_{k|k-1}^{i})(\boldsymbol{\chi}_{k|k-1}^{i,s}-\hat{\boldsymbol{x}}_{k|k-1}^{i})^{\mathrm{T}}+\boldsymbol{Q}_{k-1}$$

相应的权值为

$$W^{s}=\begin{cases}\dfrac{\kappa}{n+\kappa} & \text{当 } s=0\\[2ex] \dfrac{1}{2(n+\kappa)} & \text{当 } s=1,\cdots,2n\end{cases}$$

8.3.2 测量更新

根据预测值产生新的 2n+1 个 sigma 点：

$$\boldsymbol{\chi}_{k|k-1}^{i,0}=\hat{\boldsymbol{x}}_{k|k-1}^{i}$$

$$\boldsymbol{\chi}_{k|k-1}^{i,s}=\hat{\boldsymbol{x}}_{k|k-1}^{i}+\left(\sqrt{(n+\kappa)\boldsymbol{P}_{k|k-1}^{i}}\right)_{s}\qquad s=1,\cdots,n$$

$$\boldsymbol{\chi}_{k|k-1}^{i,s}=\hat{\boldsymbol{x}}_{k|k-1}^{i}-\left(\sqrt{(n+\kappa)\boldsymbol{P}_{k|k-1}^{i}}\right)_{s-n}\qquad s=n+1,\cdots,2n$$

将新产生的 sigma 点集代入观测方程$\varrho(\boldsymbol{H}_{k}^{i}\boldsymbol{x}_{k})$ 中，得到更新的 sigma 点集

$$\boldsymbol{\gamma}_{k}^{i,s}=\varrho(\boldsymbol{H}_{k}^{i}\boldsymbol{\chi}_{k|k-1}^{i,s})\qquad s=0,\cdots,2n$$

由上面得到的 sigma 点集进行一系列加权求和得到测量估计值、测量估计误差协方差矩阵及状态—测量交叉协方差矩阵为

$$\hat{\boldsymbol{z}}_{k}^{i}=\sum_{s=0}^{2n}W^{s}\boldsymbol{\gamma}_{k}^{i,s}$$

$$\boldsymbol{P}_{z_kz_k}^{i}=\sum_{s=0}^{2n}W^{s}(\boldsymbol{\gamma}_{k}^{i,s}-\hat{\boldsymbol{z}}_{k}^{i})(\boldsymbol{\gamma}_{k}^{i,s}-\hat{\boldsymbol{z}}_{k}^{i})^{\mathrm{T}}+\boldsymbol{R}_{k}^{i}$$

$$\boldsymbol{P}_{x_kz_k}^{i}=\sum_{s=0}^{2n}W^{s}(\boldsymbol{\chi}_{k|k-1}^{i,s}-\hat{\boldsymbol{x}}_{k|k-1}^{i})(\boldsymbol{\gamma}_{k}^{i,s}-\hat{\boldsymbol{z}}_{k}^{i})^{\mathrm{T}}$$

其中，权值的选择同上。进而，UKF 增益矩阵计算为

$$\boldsymbol{K}_k^i = \boldsymbol{P}_{x_k z_k}^i (\boldsymbol{P}_{z_k z_k}^i)^{-1}$$

最后，更新状态估计值和相应的误差协方差为

$$\hat{\boldsymbol{x}}_{k|k}^i = \hat{\boldsymbol{x}}_{k|k-1}^i + \boldsymbol{K}_k^i (z_k^i - \hat{z}_k^i)$$

$$\boldsymbol{P}_k^i = \boldsymbol{P}_{k|k-1}^i - \boldsymbol{K}_k^i \boldsymbol{P}_{z_k z_k}^i (\boldsymbol{K}_k^i)^{\mathrm{T}}$$

8.4 基于信息一致的无迹卡尔曼滤波

本节的主要目的是提出一种基于信息一致的 UKF 算法。考虑到卡尔曼滤波的信息滤波形式尤为适用于解决基于传感器网络中分布式状态估计问题。为此，本节首先介绍 UKF 的信息滤波形式，之后提出了一种基于信息一致的 DUKF 算法。

方便起见，本节接下来将采用卡尔曼信息滤波形式。记信息矩阵 $\boldsymbol{\Omega}_k = \boldsymbol{P}_k^{-1}$，$\boldsymbol{\Omega}_{k|k-1} = \boldsymbol{P}_{k|k-1}^{-1}$ 和信息状态矢量 $\boldsymbol{q}_k = \boldsymbol{P}_k^{-1}\hat{\boldsymbol{x}}_k$，$\boldsymbol{q}_{k|k-1} = \boldsymbol{P}_{k|k-1}^{-1}\hat{\boldsymbol{x}}_{k|k-1}$[34]，则传统的卡尔曼滤波所对应的信息滤波的更新方程为

$$\boldsymbol{\Omega}_k = \boldsymbol{\Omega}_{k|k-1} + \boldsymbol{H}_k^{\mathrm{T}} \boldsymbol{R}_k^{-1} \boldsymbol{H}_k$$

$$\boldsymbol{q}_k = \boldsymbol{q}_{k|k-1} + \boldsymbol{H}_k^{\mathrm{T}} \boldsymbol{R}_k^{-1} z_k$$

式中，$\boldsymbol{H}_k$ 为输出方程中的测量矩阵。

不同于传统的卡尔曼滤波算法，信息滤波器具有这样显著的特性：所有传感器观测值的融合可仅通过直接加上各个传感器的信息而获得。它已广泛应用于各种分布式卡尔曼滤波问题[34]。那么，有

$$\boldsymbol{\Omega}_k = \boldsymbol{\Omega}_{k|k-1} + \sum_{i \in \mathcal{N}} (\boldsymbol{H}_k^i)^{\mathrm{T}} (\boldsymbol{R}_k^i)^{-1} \boldsymbol{H}_k^i$$

$$\boldsymbol{q}_k = \boldsymbol{q}_{k|k-1} + \sum_{i \in \mathcal{N}} (\boldsymbol{H}_k^i)^{\mathrm{T}} (\boldsymbol{R}_k^i)^{-1} z_k^i$$

注意到，分布式卡尔曼滤波算法的推导是基于线性观测矩阵的。而对于 UKF，其更新方程不能用线性观测矩阵直接表示。幸运的是，借助线性误差传播方法[48]，可以近似推导出伪观测矩阵$\mathcal{H}_k^i$：

$$\mathcal{H}_k^i \approx (\boldsymbol{P}_{x_k z_k}^i)^{\mathrm{T}} (\boldsymbol{P}_{k|k-1}^i)^{-1}$$

至此，可以得到 UKF 的信息滤波框架下的更新方程：

$$\boldsymbol{\Omega}_k=\boldsymbol{\Omega}_{k|k-1}+\sum_{i\in\mathcal{N}}(\mathcal{H}_k^i)^{\mathrm{T}}(\boldsymbol{R}_k^i)^{-1}\mathcal{H}_k^i$$

$$\boldsymbol{q}_k=\boldsymbol{q}_{k|k-1}+\sum_{i\in\mathcal{N}}(\mathcal{H}_k^i)^{\mathrm{T}}(\boldsymbol{R}_k^i)^{-1}\boldsymbol{z}_k^i$$

算法 8.1　基于 CI 的 UKF 算法

步骤	内容
1	对于每一个节点 $i\in N$，收集测量 z_k^i 并计算下式： $\boldsymbol{\Omega}_k^i=\boldsymbol{\Omega}_{k\|k-1}^i+(\mathcal{H}_k^i)^{\mathrm{T}}(\boldsymbol{R}_k^i)^{-1}\mathcal{H}_k^i$ $\boldsymbol{q}_k^i=\boldsymbol{q}_{k\|k-1}^i+(\mathcal{H}_k^i)^{\mathrm{T}}(\boldsymbol{R}_k^i)^{-1}\boldsymbol{z}_k^i$
2	初始化（设定初始值）：$\boldsymbol{\Omega}_k^i(0)=\boldsymbol{\Omega}_k^i$ 和 $\boldsymbol{q}_k^i(0)=\boldsymbol{q}_k^i$
3	对于一致性迭代步骤 $\ell=0,1,\cdots,L-1$，执行信息一致性算法。 • 广播 $\boldsymbol{q}_k^i(\ell)$ 和 $\boldsymbol{\Omega}_k^i(\ell)$ 给它的邻居节点 $j\in\mathcal{N}^i\backslash\{i\}$； • 收集来自所有邻居节点 $j\in\mathcal{N}^i\backslash\{i\}$ 的信息 $\boldsymbol{q}_k^j(\ell)$ 和 $\boldsymbol{\Omega}_k^j(\ell)$； • 按照下式融合 $\boldsymbol{q}_k^j(\ell)$ 和 $\boldsymbol{\Omega}_k^j(\ell)$： $\boldsymbol{q}_k^i(\ell+1)=\sum_{j\in\mathcal{N}^i}\pi^{i,j}\boldsymbol{q}_k^j(\ell),\quad \boldsymbol{\Omega}_k^i(\ell+1)=\sum_{j\in\mathcal{N}^i}\pi^{i,j}\boldsymbol{\Omega}_k^j(\ell)$
4	计算滤波后的估计值 $\hat{\boldsymbol{x}}_k^i=[\boldsymbol{\Omega}_k^i(L)]^{-1}\boldsymbol{q}_k^i(L),\quad \boldsymbol{P}_k^i=[\boldsymbol{\Omega}_k^i(L)]^{-1}$
5	执行预测步 $\hat{\boldsymbol{x}}_{k+1\|k}^i=\sum_{s=0}^{2n}W^s\boldsymbol{\chi}_{k+1\|k}^{i,s}$ $\boldsymbol{\Omega}_{k+1\|k}^i=\left[\sum_{s=0}^{2n}W^s(\boldsymbol{\chi}_{k+1\|k}^{i,s}-\hat{\boldsymbol{x}}_{k+1\|k}^i)(\boldsymbol{\chi}_{k+1\|k}^{i,s}-\hat{\boldsymbol{x}}_{k+1\|k}^i)^{\mathrm{T}}+\boldsymbol{Q}_k\right]^{-1}$ $\boldsymbol{q}_{k+1\|k}^i=\boldsymbol{\Omega}_{k+1\|k}^i\hat{\boldsymbol{x}}_{k+1\|k}^i$

对于分布式估计问题，Battistelli 指出的协方差交叉方法[55] 可发展为一种新型一致性准则，即基于信息一致（CI）[144]。该方法的核心思想为，在一致性算法的每步迭代中，每个节点 i 运用合适的权值 $\pi^{i,j}(j\in\mathcal{N}_i)$，计算其与邻居节点 $\mathcal{N}_i$ 的信息对（$\boldsymbol{\Omega}_{k|k-1}^j$，$\boldsymbol{q}_{k|k-1}^j$）的局部平均值。受其启发，得到 CI 的 UKF 算法 8.1。这里，假设在每步迭代中，每个节点 $i\in\mathcal{N}$ 可以获得各自的信息对（$\boldsymbol{\Omega}_{k|k-1}^i$，$\boldsymbol{q}_{k|k-1}^i$）。权值的选取满足 $\pi^{i,j}\geqslant 0$ 且 $\sum_{j\in\mathcal{N}_i}\pi^{i,j}=1$，$\forall i\in\mathcal{N}$。当一致性迭

代步数趋于无穷时，一致性矩阵中的每一个元素为$\frac{1}{n}$，这使得信息一致问题实际上成为一个平均一致性问题[21]。

8.5 仿真例子

本节通过仿真例子来说明所提出的CI的DUKF在具有饱和现象的传感器网络中的有效性。传感器之间的通信拓扑图为4节点传感器网络无向图$\mathcal{G}=(\mathcal{N},\mathcal{E})$（见图8-1）。其中，节点集$\mathcal{N}=\{1,2,3,4\}$。

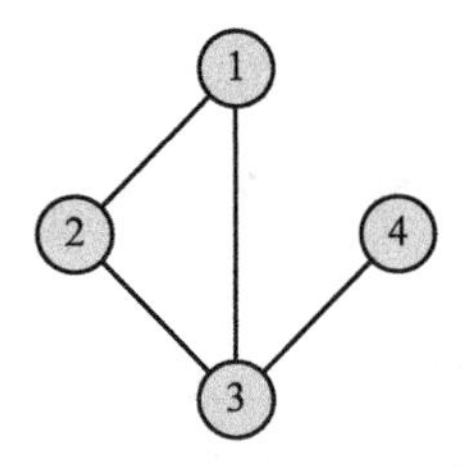

图8-1　4节点传感器网络无向图

节点之间信息传播的权重通过Metropolis法则计算得出。记$\pi^{i,j}$为一致性矩阵的第(i,j)个元素，则图8-1所示的网络的一致性权重矩阵$\boldsymbol{\Pi}(\boldsymbol{\Pi}=[\pi^{i,j}])$为

$$\boldsymbol{\Pi}=\begin{bmatrix}\frac{5}{12} & \frac{1}{3} & \frac{1}{4} & 0\\ \frac{1}{3} & \frac{5}{12} & \frac{1}{4} & 0\\ \frac{1}{4} & \frac{1}{4} & \frac{1}{4} & \frac{1}{4}\\ 0 & 0 & \frac{1}{4} & \frac{3}{4}\end{bmatrix}$$

接下来，设系统参数为$\boldsymbol{x}_0=[2\quad 2]^{\mathrm{T}}$，$\boldsymbol{Q}_k=0.003^2\boldsymbol{I}_2$，$\boldsymbol{F}_k=\mathrm{diag}[0.88+\sin(k),0.75]$。传感器网络节点参数见表8-1。

其他参数设为$n+\kappa=3$，$L=5$。接下来，应用算法8.1，使用MATLAB进行模拟仿真，迭代20步后，每个滤波器节点$i\in N$，得到表8-2所示的滤波增益$\boldsymbol{K}_{20}^{i}$和协方差矩阵$\boldsymbol{P}_{20}^{i}$。

表 8-1　传感器网络节点参数

i	$\boldsymbol{P}_0^i$	$\hat{\boldsymbol{x}}_0^i$	$\boldsymbol{R}_k^i$	$\boldsymbol{H}_k^i$
1	$\boldsymbol{I}_2$	$[-1 \quad -1]^{\mathrm{T}}$	$0.001^2\boldsymbol{I}_2$	$\begin{bmatrix} 0.48+\sin(2k) & 0.27 \\ 0.33 & 0.36+\sin(k) \end{bmatrix}$
2	$\boldsymbol{I}_2$	$[1 \quad 1]^{\mathrm{T}}$	$0.002^2\boldsymbol{I}_2$	$\begin{bmatrix} 0.48+\sin(3k) & 0.38 \\ 0.35 & 0.37+\sin(k) \end{bmatrix}$
3	$\boldsymbol{I}_2$	$[-0.5 \quad -0.5]^{\mathrm{T}}$	$0.003^2\boldsymbol{I}_2$	$\begin{bmatrix} 0.48+\sin(2k) & 0.36 \\ 0.36 & 0.38+\sin(k) \end{bmatrix}$
4	$\boldsymbol{I}_2$	$[0.5 \quad 0.5]^{\mathrm{T}}$	$0.004^2\boldsymbol{I}_2$	$\begin{bmatrix} 0.48+\sin(3k) & 0.25 \\ 0.34 & 0.39+\sin(k) \end{bmatrix}$

表 8-2　20 步迭代模拟仿真得到的每个滤波器节点的滤波增益和协方差矩阵

i	$\boldsymbol{K}_{20}^i$	$\boldsymbol{P}_{20}^i$
1	$\begin{bmatrix} 0.0135 & 0.0022 \\ 0.0000 & 0.0000 \end{bmatrix}$	$\begin{bmatrix} 0.3817\times10^{-7} & 0.0000 \\ 0.0000 & 0.2700\times10^{-7} \end{bmatrix}$
2	$\begin{bmatrix} -0.0034 & 0.0006 \\ 0.0000 & 0.0000 \end{bmatrix}$	$\begin{bmatrix} 0.3817\times10^{-7} & 0.0000 \\ 0.0000 & 0.2700\times10^{-7} \end{bmatrix}$
3	$\begin{bmatrix} 0.0015 & 0.0002 \\ 0.0000 & 0.0000 \end{bmatrix}$	$\begin{bmatrix} 0.3818\times10^{-7} & 0.0000 \\ 0.0000 & 0.2700\times10^{-7} \end{bmatrix}$
4	$\begin{bmatrix} -0.8594\times10^{-3} & 0.1404\times10^{-3} \\ 0.0000 & 0.0000 \end{bmatrix}$	$\begin{bmatrix} 0.3820\times10^{-7} & 0.0000 \\ 0.0000 & 0.2700\times10^{-7} \end{bmatrix}$

相应的仿真结果如图 8-2~图 8-5 所示。简便起见，记 $\boldsymbol{x}_{k,1}$ 与 $\hat{\boldsymbol{x}}_{k,1}^i$ 分别为状态 $\boldsymbol{x}_k$ 与估计 $\hat{\boldsymbol{x}}_k^i$ 的第一个状态分量，$\boldsymbol{x}_{k,2}$ 与 $\hat{\boldsymbol{x}}_{k,2}^i$ 定义类似。其中，图 8-2 和图 8-4 所示分别为系统的真实状态 $\boldsymbol{x}_k$ 和估计状态 $\hat{\boldsymbol{x}}_k^i$ 的仿真结果。图 8-3 和图 8-5 所示为估计误差 $\boldsymbol{e}^i=\boldsymbol{x}_k-\hat{\boldsymbol{x}}_k^i$，$i=1$，2，3，4 的仿真结果。仿真结果表明，虽然原系统呈现出明显的饱和非线性现象，但是本章提出的基于 CI 的 DUKF 算法同样具有很好的估计性能。从而也说明了该算法的有效性。

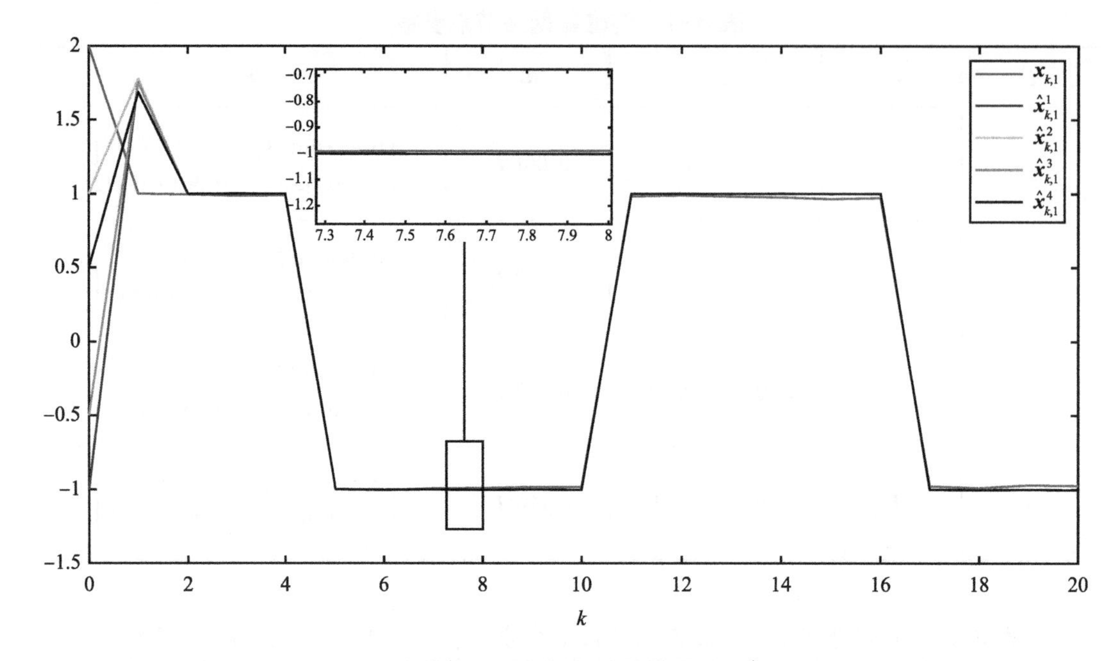

图 8-2　$\boldsymbol{x}_{k,1}$ 的真实及估计状态 $\hat{\boldsymbol{x}}_{k,1}^{i}$

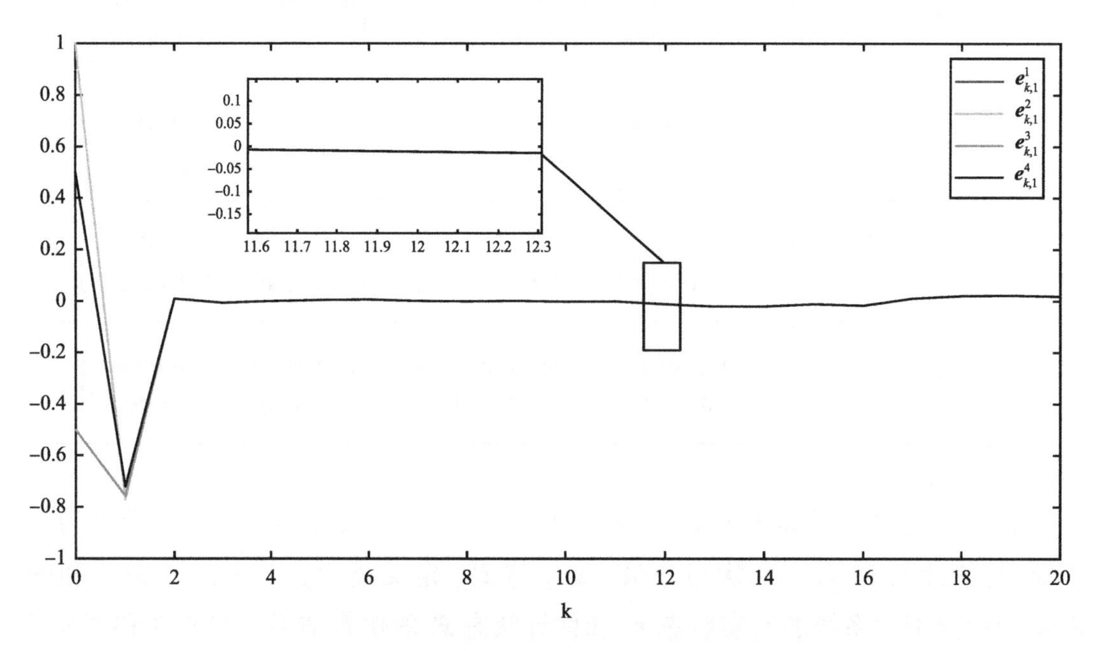

图 8-3　$\boldsymbol{x}_{k,1}$ 和 $\hat{\boldsymbol{x}}_{k,1}^{i}$ 的估计误差 $\boldsymbol{e}_{k,1}^{i}$

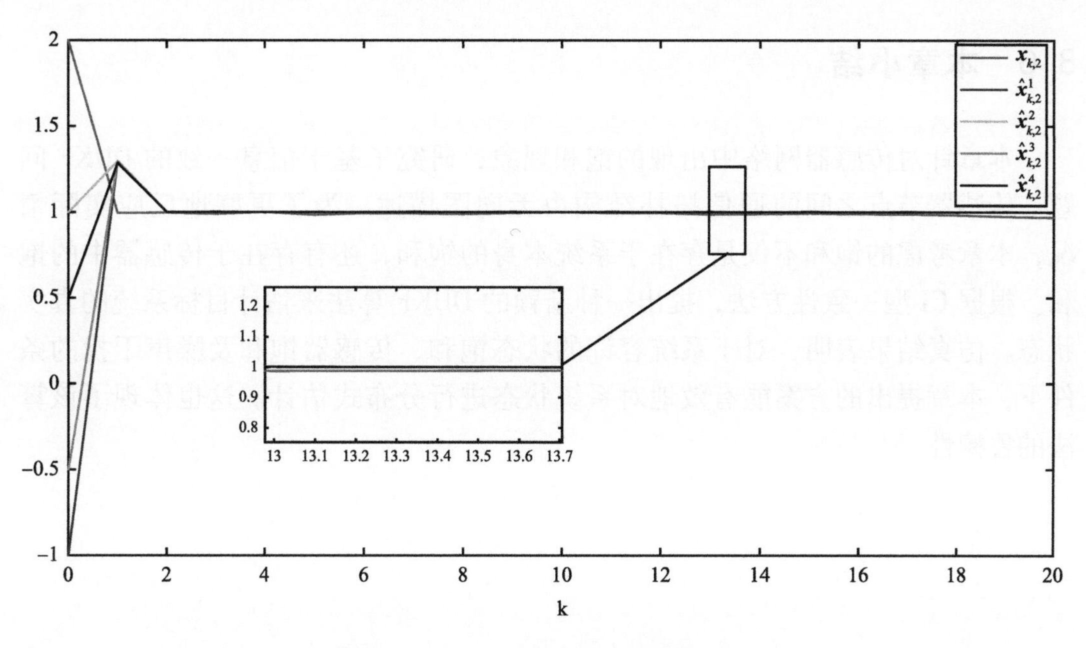

图 8-4　$\boldsymbol{x}_{k,2}$ 的真实及估计状态 $\hat{\boldsymbol{x}}_{k,2}^{i}$

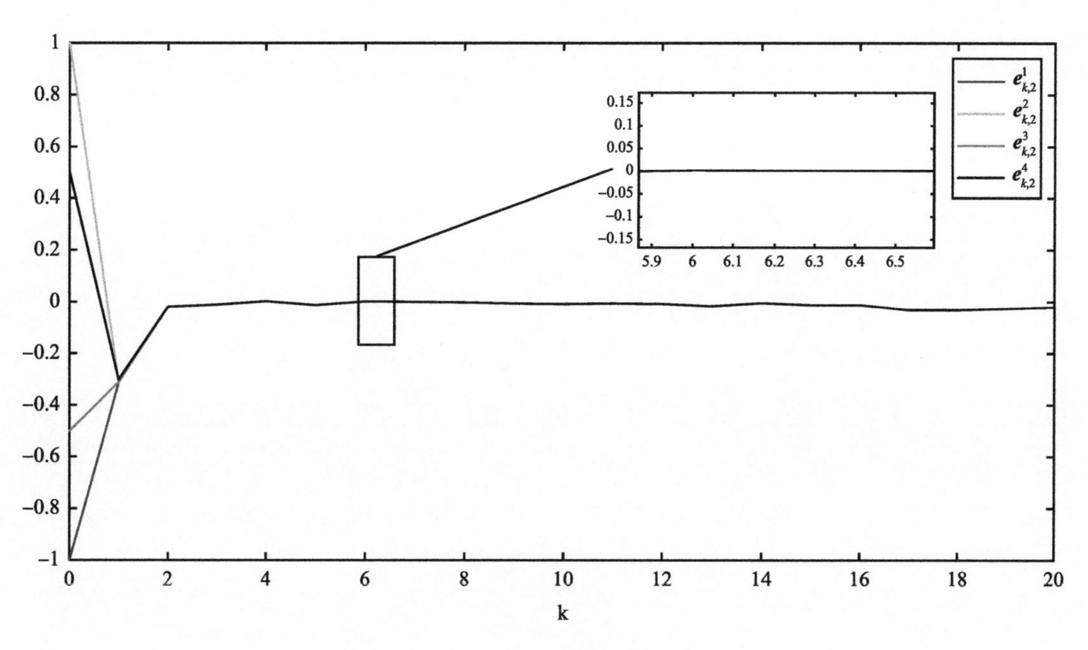

图 8-5　$\boldsymbol{x}_{k,2}$ 和 $\hat{\boldsymbol{x}}_{k,2}^{i}$ 的估计误差 $\boldsymbol{e}_{k,2}^{i}$

8.6 本章小结

本章针对传感器网络中出现的饱和现象，研究了基于信息一致的 DUKF 问题。传感器节点之间的通信拓扑结构由无向图描述。为了更好地反应实际情况，本章考虑的饱和不仅是存在于系统本身的饱和，还有存在于传感器中的饱和。根据 CI 型一致性方法，提出一种新颖的 DUKF 算法来估计目标系统的真实状态。仿真结果表明，对于系统容许的状态饱和、传感器饱和及噪声干扰的条件下，本章提出的方案能有效地对系统状态进行分布式估计。这也体现了该算法的鲁棒性。

第 9 章　本书总结与展望

由于传感器网络技术的快速发展和广泛应用，相应的基于传感器网络的分布式状态估计问题，得到了大量的关注与研究。新的分布式滤波算法、应用背景及理论方法，得到不断地探索。然而，目前相关研究主要局限于时不变系统，关于时变系统的分布式状态估计问题的稳定性分析研究还较少见。本书着眼于分布式状态估计问题研究中重要的一致性卡尔曼滤波算法，主要研究了它们的设计与稳定性分析问题，并对几类常见的一致性卡尔曼滤波算法进行了相对系统的研究。下面从三方面对本书已介绍的结果和对未来工作的展望进行阐述。

9.1　一般情形下传感器网络的新型可观性（可检性）条件的数学表达

本书介绍了一系列基于分布式传感器网络的可观性或可检性的结果。由于局部传感器节点观测能力受限等因素，传统的可观性（可检性）条件并不能很好地适用于网络环境中，因此发展出新的适用于网络环境的可观性（可检性）条件就成了研究一致性卡尔曼滤波器设计及其稳定性分析问题的前提条件。当系统满足局部可观性（可检性）时，分布式估计算法的可观性（可检性）条件就容易达到。然而在实际的分布式传感器网络中，尤其是对于较大规模系统或高机动性运动学状态观测，系统对单个节点往往是不可观（不可检）的，采用传统可观性（可检性）条件无法满足上述要求。因此，需发展一种广义的网络化可观性（可检性）条件（包括本书先后提出的共同（完全）一致可观性（见本书第 3、4 章）、加权一致可观性（见本书第 5 章）及联合一致可观性（见本书第 6 章）等概念，以克服局部不可观（不可检）情形带来的挑战，同时兼顾以下 2 种特性：

1. 兼容性

对于单个传感器而言，当系统处于局部不可观（不可检）状态时，它们无法满足可观性（可检性）条件。因此，可以采用凸组合方式驱使整个系统满足待发展的可观性（可检性）条件。同时，需考虑与已有可观性（可检性）条件的兼容性，即在某些条件下传感器网络的可观性（可检性）可退化至传统的可观性（可检性）条件，并能进行离线验证。在此基础上未来工作可以通过对系统中不确定性信息进行建模，以发展具有鲁棒性的传感器网络的可观性（可检性）条件的数学表达。此外，为了解决传感器网络拓扑结构脆弱性问题，可尝试引入随机变量用于刻画网络拓扑结构“脆弱性”的“随机发生”这一特点，并将其推广至非线性系统中。

2. 最优性

系统的可观性（可检性）反映的是一种通过外部观测对系统内部状态进行估计的能力。通常构造并检验可观性（可检性）的 Gramian 矩阵的正定性，来判断原系统是否具有可观性（可检性）。同时，在系统达到传感器网络可观（可检）过程中，传感器数目多少与可观（可检）的性能强弱存在着一定的博弈关系。通过结合半正定规划、多目标优化、博弈论及矩阵分析等知识，发展出适用于传感器网络环境中系统状态局部不可观性（不可检性）情形下的最优可观性（可检性）的数学表达，并对可观性（可检性）条件的强弱性与最优性进行分析与评价。

9.2 传感器网络的一致性卡尔曼滤波算法设计

随着动力系统模型变得日益复杂，传统的一致性算法有时并不能满足实际需求。目前已知的一致性卡尔曼滤波算法通常考虑的是时不变系统，而对相应的时变系统与非线性系统的相关问题还有待研究。因此，发展出新的一致性滤波算法来克服现有的挑战，就成了新的研究热点。对此，本书第 7、8 章对这一问题进行了初步研究，具体包括，针对非线性系统的分布式无迹卡尔曼滤波（DUKF）算法的一致性问题，本书第 7 章提出了基于加权平均一致的无迹卡尔曼滤波算法，该方法成功避免了由构造伪测量矩阵而带来的保守性；同时，本书第 8 章，应用 CI 型一致性算法研究了在饱和现象下的一致性无迹卡尔曼滤波算法的设计问题。然而这一领域还有许多问题尚待研究，主要从以下三个方面展开：

1. 线性时变系统的一致性卡尔曼滤波算法设计

在线性滤波中，卡尔曼滤波器被证明是一种在最小均方误差意义下最优的滤波器。针对传感器网络的拓扑结构分别为静态、动态或切换等多种情况，基于信息融合理论，采用一致性协议设计一致性卡尔曼滤波算法，并对算法的随机稳定性能进行分析。最后，将一致性卡尔曼滤波算法应用于实际传感器网络应用场景中，通过仿真模拟与性能比较以验证算法的收敛性、稳定性。

2. 非线性系统一致性卡尔曼滤波算法设计

一类非线性滤波，如扩展卡尔曼滤波器、无迹卡尔曼滤波器、粒子滤波器和贝叶斯（Bayesian）滤波器，因其各自特点，在不同领域中处理基于单个传感器非线性系统的估计问题中发挥了巨大作用。然而，在处理分布式一致性估计问题方面，还未得到有效发展。究其原因，一方面是，大部分非线性滤波算法采用线性近似方法（如 EKF、UKF）导致近似误差，经过多次迭代信息融合后，误差积累使得分布式多源信息融合的精度降低，甚至导致滤波算法发散；另一方面是，受计算量限制，部分非线性滤波算法（如粒子滤波、贝叶斯滤波）无法满足实际工程应用的实时需要。因此，针对传感器网络环境的实际情形，设计一种同时兼顾精确性和计算开销的分布式一致性卡尔曼滤波算法也是本书的一个主要研究内容。

3. 鲁棒的一致性卡尔曼滤波算法设计

在实际传感器网络中，由于网络结构易受到攻击及传感器节点易出现故障，其结构常呈现出一定的脆弱性。此外，由于不确定性现象广泛存在于实际系统中，所以设计具有鲁棒性的分布式一致性滤波算法可以提升算法的鲁棒性能。未来工作拟对传感器网络及实际系统中的不确定现象进行建模，以研究不确定现象产生机制。借助不确定性处理工具，如鲁棒滤波、H_∞ 滤波、递归滤波等，同时结合已知的传感器网络信息融合的最优融合结论，发展一套具有鲁棒性的分布式多源融合估计的数学表达。在此基础上，研究带有鲁棒性的一致性卡尔曼滤波算法，并验证该算法的稳定性。最后，在实际传感器网络应用场景中对鲁棒的一致性卡尔曼滤波算法进行仿真模拟，以验证算法的有效性。

9.3　时变系统分布式一致性卡尔曼滤波算法的稳定性分析

事实上，一致性卡尔曼滤波算法的最优性并不意味着稳定性。因此，分布式卡尔曼滤波算法需进行稳定性分析以证明其优越性。关于时变系统的一致性卡尔曼滤波算法的稳定性分析问题，一直是面向传感器网络的设计研究的难点。对此，本书系统地介绍了分布式一致性卡尔曼滤波算法稳定性分析方法。

1. 误差协方差矩阵的一致有界性

误差协方差的有界性是研究一致性卡尔曼滤波器稳定性分析的关键问题，因此找出使之成立的条件则可以判断所研究的系统能否被用来设计一致性卡尔曼滤波器。对此，本书第 3~6 章针对几类重要的一致性卡尔曼滤波器，找到了它们误差协方差一致上下界的存在条件（包括先后提出的网络化可观可检性），并给出了其具体的表达形式。误差协方差矩阵的一致有界性是时变系统中一致性卡尔曼滤波算法稳定性研究的核心。首先，在获得时变系统参数矩阵信息的同时，通过统计推断的方法，得到随机噪声的一、二阶矩的统计特性及其一致上下界的信息。接着，推导出几类一致性卡尔曼滤波算法的误差协方差矩阵的动态方程。基于此，分别研究保证估计误差协方差矩阵的一致向上有界和一致向下有界所对应的条件。在此基础上，发展出一套能够定量描述出一致上下界的数学表达，并进行比较。

2. 估计误差的指数均方有界性

受系统非线性状态下多种因素的综合影响，单纯研究融合算法中误差协方差矩阵的一致有界性是不全面的。在此基础上，研究估计误差的指数均方有界性，并给出其确切的界。本书第 4、7 章针对一般的时变系统和非线性系统，借助于随机稳定性理论，获得了一致性卡尔曼滤波器估计误差均方有界性的存在条件，并发展出一套系统地分析估计误差的指数均方有界性的方法。未来工作将综合运用随机稳定性分析及矩阵论等知识，研究不确定性、网络攻击及传感器网络的不同拓扑结构对算法稳定性的影响，并发展出一套多性能指标下的时变系统一致性卡尔曼滤波算法的估计误差的稳定性分析方法。

附　录

本附录将简单介绍本书所涉及的优化工具 CVX 和 YALMIP 的使用。

附录 A　CVX 简介

CVX 是一个基于 MATLAB 软件编写的解决凸优化问题的工具箱㊀。该工具箱采用的是一种规则化的编程语言来描述数学优化问题。与以往的工具箱相比，它具有强可读性和易用性等特点。CVX 可以解决许多标准优化问题，如线性规划（linear programming，LP）、二次规划（quadratic programming，QP）、二阶锥规划（second order cone programming，SOCP）和半定规划（semi-definite programming，SDP）问题。但是，与直接使用求解器来求解一个或多个该类型的问题相比，CVX 可以大大简化指定问题的任务。其中，可以使用 CVX 方便地建立并求解如范数最小化、熵最大化、行列式最大化等凸规划问题[151]。

在默认模式下，CVX 支持一种特定的凸优化方法，称之为纪律凸规划（disciplined convex programming，DCP）。纪律凸优化是由 Michael Grant、Stephen Boyd 及 Yinyu Ye 提出的一种构造凸优化问题的方法[152]。在这种方法下，凸函数和凸集是从凸分析中的一小组规则构建的，从凸函数和凸集的基本库开始。使用这些规则表示的约束和目标将自动转换为规范形式并求解。CVX 集成了 SeDuMi 和 SDPT3 等其他常用的凸工具包。此外，CVX 能够有效地将 MATLAB 转换为优化建模语言。模型规范使用常见的 MATLAB 操作和函数构建，标准 MATLAB 代码可以与这些规范自由结合。这种组合使得执行优化问题所需的计算或处理从它们的解中获得的结果变得相对简单。因此，越来越多的学者应用 CVX 来解决自己的优化问题。

从 2.0 版本开始，CVX 支持混合整数纪律凸规划（mixed integer DCP，MIDCP）。MIDCP 除了一个或多个变量被约束为整数型或二值变量，与标准 DCP 遵循相同的凸规则。换句话说，如果把整数约束去掉，就是一个标准的 DCP。需要注意的是，与 DCP 不同，MIDCP 不是凸优化的。MIDCP 寻找全局最优解需要将传统的凸优化算法与穷举搜索方法（如分支定界算法（branch

㊀　CVX 工具箱下载地址见 http://cvxr.com/。

and bound））相结合。

调用 CVX 主要通过命令 cvx_ begin 开始与命令 cvx_ end 结束，它的基本框架如下所示：

```
1  cvx_ begin
2       {定义变量}
3       minimize （ {目标函数} ） or maximize （ {目标函数} ）
4       subject to
5       {约束}
6  cvx_ end
```

其中，定义变量通过命令 variable 或 variables 来实现；目标函数通常通过 variable 或 minimize 或 maximize 命令来定义，如范数最小化、熵最大化、行列式最大化等；约束通常有等式约束（==）和不等式约束（<=或>=）。

这里以一个简单的例子[⊖]来介绍 CVX 的使用，考虑以下凸优化模型：

$$
\begin{aligned}
&\min \|\boldsymbol{A}\boldsymbol{x}-\boldsymbol{b}\|_2\\
&\text{s. t. } \boldsymbol{C}\boldsymbol{x}=\boldsymbol{d}\\
&\|\boldsymbol{x}\|_\infty \leqslant e
\end{aligned}
\tag{A-1}
$$

上述例子可以通过调用以下 CVX 的 MATLAB 代码段来求解：

```
1  m=20; n=10; p=4;
2  A=randn (m, n); b=randn (m, 1);
3  C=randn (p, n); d=randn (p, 1); e=rand;
4  cvx_ begin
5       variable x (n)
6       minimize (norm (A*x-b, 2) )
7       subject to
8           C*x==d
9           norm (x, Inf) ≤e
10 cvx_ end
```

CVX 在本书里得到了广泛的应用，如本书第 4 章用来计算最优的一致性权重问题。这里重新阐述标准的分布式协方差交叉问题，即优化问题 A.1，并给

⊖ 该例子选自 CVX 网站：http://cvxr.com/cvx/。

出通过使用 CVX 工具箱求解融合权重 $\pi_{k,\ell}^{i,j}$ 的程序。

优化问题 A.1　给定迭代终止步骤 L，初始信息对 $(\boldsymbol{\Omega}_{k,0}^{j}\boldsymbol{q}_{k,0}^{j})$。其中，$\ell=0, 1, \cdots, L-1$，$j \in \mathcal{N}_i$。求最优融合权重。

$$\pi_{k,\ell}^{i,j}=\arg\min_{\pi_{k,\ell}^{i,j}\in[\underline{\pi},1]} \operatorname{tr}\{(\boldsymbol{\Omega}_{k,\ell+1}^{i})^{-1}\}$$

s. t.

$$\boldsymbol{\Omega}_{k,\ell+1}^{i}=\sum_{j\in\mathcal{N}_i}\pi_{k,\ell}^{i,j}\boldsymbol{\Omega}_{k,\ell}^{j},$$

$$\boldsymbol{q}_{k,\ell+1}^{i}=\sum_{j\in\mathcal{N}_i}\pi_{k,\ell}^{i,j}\boldsymbol{q}_{k,\ell}^{j},$$

$$\sum_{j\in\mathcal{N}_i}\pi_{k,\ell}^{i,j}=1$$

$$0<\underline{\pi}\leqslant\pi_{k,\ell}^{i,j}\leqslant 1$$

式中，$\underline{\pi}$ 为一个充分小的融合权重的下界常数。4 节点有向图如下：

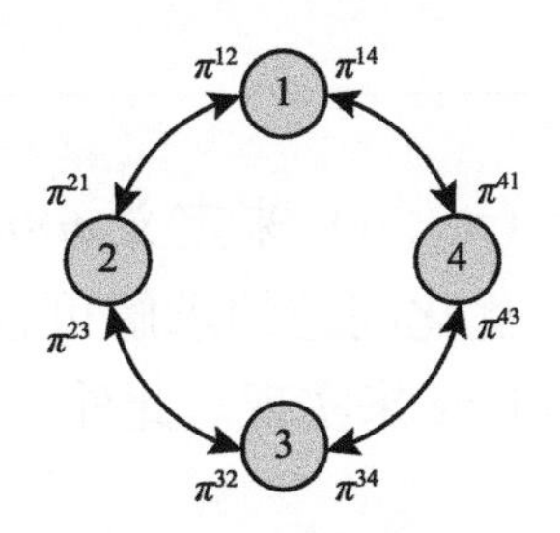

下面以节点 1 为例，设 $L=1$，在某时刻 k，调用 CVX 的运行程序主要如下：

```
1  cvx_ begin
2      variables pi11 pi12 pi14 % 定义变量
3       Omega1 =pi11 * Omega1+pi12 * Omega1+pi14 * Omega1;
4       minimize (trace_ inv (Omega1) ) % 目标函数
5       subject to % 约束条件
6       pi11+pi12+pi14 = =1;
7       1≥pi11≥pi_ lower_ bound;
8       1≥pi12≥pi_ lower_ bound;
9       1≥pi14≥pi_ lower_ bound;
10 cvx_ end
```

附录 B　YALMIP 简介

YALMIP 是由 Lofberg 开发的一个免费 MATLAB 工具箱㊀，它提供了关于凸优化与非凸优化问题的一种高级建模求解语言。YALMIP 不但包含基本的线性规划求解算法，如 linprog（线性规划）、bintprog（二值线性规划）、bnb（分支定界算法）等，它还提供了对 CplexGurobi、GlpkLpsolve 等求解工具箱的包装[140]。通常，不同的求解器对于优化问题的描述并不一致，在使用时需要较多的学习成本并且容易出错。而 YALMIP 真正实现了建模和算法两者的分离，提供了一种简单而统一的建模语言和编程接口，以实现不同求解器之间的集成[153]。因此，YALMIP 被广泛使用于优化问题的求解。

YALMIP 求解优化问题的主要步骤有定义决策变量、定义约束条件、求解优化问题。它的基本框架如下所示：

```
1  {定义决策变量}: sdpvar (m, n)
2  {定义约束}: set ()
3  {求解}: solvesdp ()
```

其中，主要通过命令 sdpvar (m, n) 来定义 $m \times n$ 维的决策变量，而定义约束条件可通过命令 set 来实现。优化问题的求解可根据目标函数的特点，选择合适的命令 solvesdp 或 optimize 来实现。此外，可以通过命令 sdpsettings 来设置求解器类型。

这里通过一个常见的 LMI 问题[140] 来介绍 YALMIP 的使用。控制理论中的一个最基本的问题，是利用李雅普诺夫函数 $\boldsymbol{x}^{\mathrm{T}}\boldsymbol{P}\boldsymbol{x}$ 来分析系统的稳定性。一个线性系统 $\dot{\boldsymbol{x}}=\boldsymbol{A}\boldsymbol{x}$ 是渐近稳定的，当且仅当存在 $\boldsymbol{P}$ 使得下式成立：

$$\boldsymbol{A}^{\mathrm{T}}\boldsymbol{P}+\boldsymbol{P}\boldsymbol{A}<0, \quad \boldsymbol{P}=\boldsymbol{P}^{\mathrm{T}}>0$$

这一问题的求解可通过下列的 YALMIP 程序来实现：

```
1  P=sdpvar (n, n);
2  set (P>0);
3  F=set (A'*P+P*A<0);
4  solvesdp (F)
```

㊀　YALMIP 工具箱下载地址为 https://yalmip.github.io/。

值得注意的是，YALMIP 还可以用来求解非线性优化问题。例如，本书第 4 章利用了 YALMIP 来计算出期望初始矩阵的一致性交互权重[㊀]，即如下的优化问题。

优化问题 B.1 给定一充分小的整正数 ϵ，以及 Π_L、L，找到 Π^*，使得下式成立：

$$\Pi^* = \mathrm{argmin}_{\Pi} \| (\Pi)^L - \Pi_L \|_F$$

s. t.

$$\sum_{j \in \mathcal{N}} \pi^{i,j} = 1 \qquad \epsilon \leqslant \pi^{i,j} \leqslant 1$$

设 $L=6$ 和 $\epsilon=0.001$，则 YALMIP 运行程序如下：

```
1  G=repmat ( [0.48 0.24 0.16 0.12], 4, 1);
2  Q=sdpvar (4, 4,'full');
3  Q (1, 4) =0;
4  Q (2, 3) =0;
5  Q (2, 4) =0;
6  Q (3, 2) =0;
7  Q (4, 2) =0;
8  Q (4, 1) =0;
9  residual=Q^6-G;
10 Objective=residual (:)' * residual (:);
11 Model= [0.0001≤Q (:) ≤1, sum (Q, 2) = =1];
12 optimize (Model, Objective, sdpsettings ('solver','fmincon') )
13 Q=value (Q)
14 value (Objective)
```

㊀ 该问题的求解得到了 YALMIP 的开发者 Löfberg 的帮助，见 https://math.stackexchange.com/a/1672198/171352。

参考文献

[1] HALL D, LLINAS J. An introduction to multisensor data fusion [J]. Proceedings of IEEE, 1997, 85 (1): 6-23.

[2] BAHADOR KHALEGHI, ALAA KHAMIS, FAKHREDDINE O KARRAY, et al. Multisensor data fusion: a review of the state-of-the-art [J]. Information Fusion, 2013, 14 (1): 28-44.

[3] SUN S, DENG Z. Multi-sensor optimal information fusion Kalman filter [J]. Automatica, 2004, 40 (6): 1017-1023.

[4] 中华人民共和国教育部. 高等学校中长期科学和技术发展规划纲要 [EB/OL]. (2004-11-15) [2023-03-01] http: //www. moe. gov. cn. srcsite/A16/s7062/200411/t20041115_ 62471. html.

[5] 邓自立. 信息融合估计理论及其应用 [M]. 北京: 科学出版社, 2012.

[6] KALMAN R E. A new approach to linear filtering and prediction problems [J]. Journal of Fluids Engineering, 1960, 82 (1): 35-45.

[7] JULIER S J, UHLMANN J K. A non-divergent estimation algorithm in the presence of unknown correlations [C] // Proceedings of the 1997 American Control Conference Vol. 4, June 4-6, 1997, Albuquerque Convention Center, Albuquerque. New York: IEEE, c1997: 2369-2373.

[8] UHLMANN J K. General data fusion for estimates with unknown cross covariances [C] // Proceedings SPIE volume 2755 Aerospace/Defense Sensing and Controls: Signal Processing, Sensor Fusion and Target Recognition V, April 8-12, 1996, Orlando. Bellingham: SPIE, c1996.

[9] WANG Y, LI X R. Distributed estimation fusion with unavailable crosscorrelation [J]. IEEE Transactions on Aerospace and Electronic Systems, 2012, 48 (1): 259-278.

[10] DENG Z, ZHANG P, QI W, et al. Sequential covariance intersection fusion Kalman filter [J]. Information Sciences, 2012, 189: 293-309.

[11] DEYST J, PRICE C. Conditions for asymptotic stability of the discrete minimumvariance linear estimator [J]. IEEE Transactions on Automatic Control, 1968, 13 (6): 702-705.

[12] ANDERSON B D O, MOORE J B. Detectability and stabilizability of time-

varying discrete-time linear systems [J]. SIAM Journal on Control and Optimization, 1981, 19 (1): 20-32.

[13] LI W Y, WEI G D, HO D W C, et al. A weightedly uniform detectability for sensor networks [J]. IEEE Transactions on Neural Networks and Learning Systems, 2018, 29 (11): 5790-5796.

[14] BATTISTELLI G, CHISCI L, FANTACCI C, et al. Consensus CPHD filter for distributed multitarget tracking [J]. IEEE Journal of Selected Topics in Signal Processing, 2013, 7 (3): 508-520.

[15] GRIME S, DURRANT-WHYTE H F. Data fusion in decentralized sensor networks [J]. Control Engineering Practice, 1994, 2 (5): 849-863.

[16] NOACK B, SIJS J, REINHARDT M, et al. Decentralized data fusion with inverse covariance intersection [J]. Automatica, 2017, 79: 35-41.

[17] POPESCU M A, TUDORACHE I G, PENG B, et al. Surveying position based routing protocols for wireless sensor and ad-hoc networks [J]. International Journal of Communication Networks and Information Security, 2012, 4 (1).

[18] KAMAL A T, FARRELL J A, ROY-CHOWDHURY A K. Information weighted consensus filters and their application in distributed camera networks [J]. IEEE Transactions on Automatic Control, 2013, 58 (12): 3112-3125.

[19] UGRINOVSKII V. Conditions for detectability in distributed consensus-based observer networks [J]. IEEE Transactions on Automatic Control, 2013, 58 (10): 2659-2664.

[20] MATEI I, BARAS J S. Consensus-based linear distributed filtering [J]. Automatica, 2012, 48 (8): 1776-1782.

[21] OLFATI-SABER R, MURRAY R M. Consensus problems in networks of agents with switching topology and time-delays [J]. IEEE Transactions on Automatic Control, 2004, 49 (9): 1520-1533.

[22] OLFATI-SABER R, FAX J A, MURRAY R M. Consensus and cooperation in networked multi-agent systems [J]. Proceedings of IEEE, 2007, 95 (1): 215-233.

[23] REN W, BEARD R W, ATKINS E M. Information consensus in multivehicle cooperative control [J]. IEEE Control Systems Magazine, 2007, 27 (2): 71-82.

[24] 杨文，侍洪波，汪小帆. 卡尔曼一致滤波算法综述 [J]. 控制与决策，2011，26 (4)：481-488.

[25] FANTACCI C，VO B N，VO B T，et al. Consensus labeled random finite set filtering for distributed multi-object tracking [EB/OL]. (2015-07-12) [2023-02-22] https：//arxiv. org/pdf/ 1501. 01579. pdf.

[26] SPANOS D P，OLFATI-SABER R，MURRAY R M. Approximate distributed Kalman filtering in sensor networks with quantifiable performance [C] // Proceedings of Fourth International Symposium on Information Processing in Sensor Networks 2005，April 15，2005，Boise. New York：c2005，133-139.

[27] XIAO L，BOYD S，LALL S. A scheme for robust distributed sensor fusion based on average consensus [C] // Proceedings of Fourth International Symposium on Information Processing in Sensor Networks 2005，April 15，2005，Boise. New York：c2005，63-70.

[28] OLFATI-SABER R，SHAMMA J. Consensus filters for sensor networks and distributed sensor fusion [C] // Proceedings of the 44th IEEE Conference on Decision and Control，December 15，2005，Seville. IEEE：New York，c2005：6698-6703.

[29] OLFATI-SABER R. Distributed Kalman filter with embedded consensus filters [C] // Proceedings of the 44th IEEE Conference on Decision and Control，December 15，2005，Seville. IEEE：New York，c2005：8179-8184.

[30] ÅSTRÖM K J，KUMAR P R. Control：A perspective [J]. Automatica，2014，50 (1)：3-43.

[31] BATTISTELLI G，CHISCI L. Kullback-Leibler average consensus on probability densities and distributed state estimation with guaranteed stability [J]. Automatica，2014，50 (3)：707-718.

[32] BATTISTELLI G，CHISCI L，MUGNAI G，et al. Consensus-based linear and nonlinear filtering [J]. IEEE Transactions on Automatic Control，2015，60 (5)：1410-1415.

[33] YANG C，WU J，ZHANG W，et al. Schedule communication for decentralized state estimation [J]. IEEE Transactions on Signal Processing，2013，61 (10)：2525-2535.

[34] OLFATI-SABER R. Kalman-consensus filter：Optimality stability and performance [C] // Proceedings of the 48h IEEE Conference on Decision and

Control (CDC) held jointly with 2009 28th Chinese Control Conference, December 15-18, 2009, Shanghai. New York: IEEE, c2009: 7036-7042.

[35] OLFATI-SABER R. Distributed Kalman filtering for sensor networks [C] // Proceedings of 2007 46th IEEE Conference on Decision and Control, December 12-14, 2007, New Orleans. New York: IEEE, c2007: 5492-5498.

[36] BATTISTELLI G, CHISCI L, STEFANO M, et al. An information-theoretic approach to distributed state estimation [C] // Proceedings of the 18th IFAC World Congress, August 28-September 2, 2011, Milano. München: IFAC, c2011: 12477-12482.

[37] SHEN B, WANG Z, HUNG Y S. Distributed H_∞ -consensus filtering in sensor networks with multiple missing measurements: the finite-horizon case [J]. Automatica, 2010, 46 (10): 1682-1688.

[38] DONG H, WANG Z, GAO H. Fault detection for markovian jump systems with sensor saturations and randomly varying nonlinearities [J]. IEEE Transactions on Circuits and Systems I: Regular Papers, 2012, 59 (10): 2354-2362.

[39] FRIEDMAN N. Seapower as strategy: navies and national interests [M]. Annapolis: Naval Institute Press, 2001.

[40] WILLSKY A, BELLO M, CASTANON D, et al. Combining and updating of local estimates and regional maps along sets of one-dimensional tracks [J]. IEEE Transactions on Automatic Control, 1982, 27 (4): 799-813.

[41] SONG E, XU J, ZHU Y. Optimal distributed Kalman filtering fusion with singular covariances of filtering errors and measurement noises [J]. IEEE Transactions on Automatic Control, 2014, 59 (5): 1271-1282.

[42] CARLSON N A. Federated square root filter for decentralized parallel processors [J]. IEEE Transactions on Aerospace and Electronic Systems, 1990, 26 (3): 517-525.

[43] ROY S, ILTIS R A. Decentralized linear estimation in correlated measurement noise [J]. IEEE Transactions on Aerospace and Electronic Systems, 1991, 27 (6): 939-941.

[44] BAR-SHALOM Y, CAMPO L. The effect of the common process noise on the two-sensor fused-track covariance [J]. IEEE Transactions on Aerospace and

Electronic Systems, 1986, AES-22 (6): 803-805.
[45] KIM K H. Development of track to track fusion algorithms [C] // Proceedings of 1994 American Control Conference - ACC '94, June 29 -July 01, 1994, Baltimore. New York: IEEE, c1994: 1037-1041.
[46] LI X R, ZHU Y, WANG J, et al. Optimal linear estimation fusion. I. unified fusion rules [J]. IEEE Transactions on Information Theory, 2003, 49 (9): 2192-2208.
[47] DENG Z L, GAO Y, MAO L, et al. New approach to information fusion steady-state Kalman filtering [J]. Automatica, 2005, 41 (10): 1695-1707.
[48] LEE D J. Nonlinear estimation and multiple sensor fusion using unscented information filtering [J]. IEEE Signal Processing Letters, 2008, 15: 861-864.
[49] ZHANG W A, FENG G, YU L. Multi-rate distributed fusion estimation for sensor networks with packet losses [J]. Automatica, 2012, 48 (9): 2016-2028.
[50] ZHANG W A, LIU S, YU L. Fusion estimation for sensor networks with nonuniform estimation rates [J]. IEEE Transactions on Circuits and Systems I: Regular Papers, 2014, 61 (5): 1485-1498.
[51] UHLMANN J K. Dynamic map building and localization: new theoretical foundations [D]. Oxford: University of Oxford, 1995.
[52] MAKARENKO A, BROOKS A, KAUPP T, et al. Decentralised data fusion: a graphical model approach [C] // 2009 12th International Conference on Information Fusion, July 06-09, 2009, Seattle. New York: IEEE, c2009: 545-554.
[53] CHANG K, CHONG C Y, MORI S. Analytical and computational evaluation of scalable distributed fusion algorithms [J]. IEEE Transactions on Aerospace and Electronic Systems, 2010, 46 (4): 2022-2034.
[54] NIEHSEN W. Information fusion based on fast covariance intersection filtering [C] // Proceedings of the Fifth International Conference on Information Fusion, July 08-11, 2002, Annapolis. New York: IEEE, c2002: 901-904.
[55] JULIER S J, UHLMANN J K. General decentralized data fusion with cova-

riance intersection (CI) [M] // HALL D, LLINAS J. Handbook of Multisensor Data Fusion. Boca Raton: CRC Press, 2001.

[56] SIMON J. JULIER, JEFFREY K. UHLMANN. Using covariance intersection for SLAM [J]. Robotics and Autonomous Systems, 2007, 55 (1): 3-20.

[57] LI H, NASHASHIBI F, YANG M. Split covariance intersection filter: Theory and its application to vehicle localization [J]. IEEE Transactions on Intelligent Transportation Systems, 2013, 14 (4): 1860-1871.

[58] UHLMANN J K, JULIER S J, KAMGAR-PARSI B, et al. NASA Mars rover: a testbed for evaluating applications of covariance intersection [C] // Proceedings of SPIE - The International Society for Optical Engineering, 22 July, Orlando. New York: IEEE, c1999: 140-149.

[59] HU J W, XIE L H, ZHANG C S. Diffusion Kalman filtering based on covariance intersection [J]. IEEE Transactions on Signal Processing: A publication of the IEEE Signal Processing Society, 2012, 60 (2): 891-902.

[60] HURLEY M B. An information theoretic justification for covariance intersection and its generalization [C] // Proceedings of the Fifth International Conference on Information Fusion, July 08-11, 2002, Annapolis. New York: IEEE, c2002: 505-511.

[61] FARRELL W J, GANESH C. Generalized chernoff fusion approximation for practical distributed data fusion [C] // 2009 12th International Conference on Information Fusion, July 06 - 09, 2009, Seattle. New York: IEEE, c2009: 555-562.

[62] BENASKEUR A R. Consistent fusion of correlated data sources [C] // IEEE 2002 28th Annual Conference of the Industrial Electronics Society, November 05-08, 2022, Seville. New York: IEEE, c2002: 2652-2656.

[63] SIJS J, LAZAR M. State fusion with unknown correlation: ellipsoidal intersection [J]. Automatica, 2012, 48 (8): 1874-1878.

[64] DENG Z L, ZHANG P, QI W J, et al. The accuracy comparison of multisensor covariance intersection fuser and three weighting fusers [J]. Information Fusion, 2013, 14 (2): 177-185.

[65] UHLMANN J K. Covariance consistency methods for fault-tolerant distributed data fusion [J]. Information Fusion, 2003, 4 (3): 201-215.

[66] GUO Q, CHEN S Y, LEUNG H, et al. Covariance intersection based image fusion technique with application to pansharpening in remote sensing [J]. Information Sciences, 2010, 180 (18): 3434-3443.

[67] SHI Y, YANG X Y, CHENG T. Pansharpening of multispectral images using the nonseparable framelet lifting transform with high vanishing moments [J]. Information Fusion, 2014, 20: 213-224.

[68] LI W Y, WEI G L, HAN F. Probability-dependent gain-scheduled control for discrete-time stochastic systems with randomly occurring sensor saturations [C] // 2013 25th Chinese Control and Decision Conference, May 25-27 2013, Guiyang. New York: IEEE, c2013: 4728-4733.

[69] CONG J L, LI Y Y, QI G Q, et al. An order insensitive sequential fast covariance intersection fusion algorithm [J]. Information Sciences, 2016, 367-368: 28-40.

[70] REINHARDT M, NOACK B, HANEBECK U D. Closed-form optimization of covariance intersection for low-dimensional matrices [C] // 2012 15th International Conference on Information Fusion, July 09-12, 2012, Singapore. New York: IEEE, c2012: 1891-1896.

[71] STANKOVIĆ S S, STANKOVIĆ M S, STIPANOVIĆ D M. Consensus based overlapping decentralized estimation with missing observations and communication faults [J]. Automatica, 2009, 45 (6): 1397-1406.

[72] FARINA M, FERRARI-TRECATE G, SCATTOLINI R. Distributed moving horizon estimation for linear constrained systems [J]. IEEE Transactions on Automatic Control, 2010, 55 (11): 2462-2475.

[73] ZHU H Y, ZHAI Q Z, YU M W, et al. Estimation fusion algorithms in the presence of partially known cross-correlation of local estimation errors [J]. Information Fusion, 2014, 18: 187-196.

[74] AÇIKMEŞE B, MANDIĆ M, SPEYER J L. Decentralized observers with consensus filters for distributed discrete-time linear systems [J]. Automatica, 2014, 50 (4): 1037-1052.

[75] CARLI R, CHIUSO A, SCHENATO L, et al. Distributed Kalman filtering based on consensus strategies [J]. IEEE Journal on Selected Areas in Communications, 2008, 26 (4): 622-633.

[76] YU W W, CHEN G R, WANG Z D, et al. Distributed consensus filtering in sensor networks [J]. IEEE Transactions on Systems, Man, and Cybernetics, Part B (Cybernetics), 2009, 39 (6): 1568-1577.

[77] LA H M, SHENG W H. Distributed sensor fusion for scalar field mapping using mobile sensor networks [J]. IEEE Transactions on Cybernetics, 2013, 43 (2): 766-778.

[78] KAMGARPOUR M, TOMLIN C. Convergence properties of a decentralized Kalman filter [C] // 2008 47th IEEE Conference on Decision and Control, December 09-11, 2008, Cancun. New York: IEEE, c2008: 3205-3210.

[79] LIU J, MORSE A S, ANDERSON B D O, et al. Contractions for consensus processes [C] // 2011 50th IEEE Conference on Decision and Control and European Control Conference, December 12-15, 2011, Orlando. New York: IEEE, c2011: 1974-1979.

[80] LI W L, JIA Y M. Consensus-based distributed multiple model UKF for jump Markov nonlinear systems [J]. IEEE Transactions on Automatic Control, 2012, 57 (1): 227-233.

[81] LI L, XIA Y Q. Stochastic stability of the unscented Kalman filter with intermittent observations [J]. Automatica, 2012, 48 (5): 978-981.

[82] HLINKA O, SLUČIAK O, HLAWATSCH F, et al. Likelihood consensus and its application to distributed particle filtering [J]. IEEE Transactions on Signal Processing, 2012, 60 (8): 4334-4349.

[83] LI W Y, WEI G L, HAN F, et al. Weighted average consensus-based unscented Kalman filtering [J]. IEEE Transactions on Cybernetics, 2016, 46 (2): 2168-2267.

[84] BATTISTELLI G, CHISCI L, FANTACCI C. Parallel consensus on likelihoods and priors for networked nonlinear filtering [J]. IEEE Signal Processing Letters, 2014, 21 (7): 787-791.

[85] BATTISTELLI G, CHISCI L, FANTACCI C, et al. Consensus-based multiple-model Bayesian filtering for distributed tracking [J]. IET Radar, Sonar & Navigation, 2015, 9 (4): 401-410.

[86] LI W Y, WEI G L, HAN F. Consensus-based unscented Kalman filter for sensor networks with sensor saturations [C] // 2014 International Conference on Mechatronics and Control, July 03-05, 2014, Jinzhou. New York: IEEE,

c2014：1220-1225.

[87] WANG Z D，SHEN B，LIU X H. H_∞ filtering with randomly occurring sensor saturations and missing measurements [J]. Automatica，2012，48 (3)：556-562.

[88] ZHAO S Y，HUANG B，LIU F. Fault detection and diagnosis of multiple-model systems with mismodeled transition probabilities [J]. IEEE Transactions on Industrial Electronics，2015，62 (8)：5063-5071.

[89] DING D，WANG Z D，DONG H L，et al. Distributed H_∞ state estimation with stochastic parameters and nonlinearities through sensor networks：the finite-horizon case [J]. Automatica，2012，48 (8)：1575-1585.

[90] UGRINOVSKII V. Distributed robust filtering with H_∞ consensus of estimates [J]. Automatica，2011，47 (1)：1-13.

[91] UGRINOVSKII V，LANGBORT C. Distributed H_∞ consensus-based estimation of uncertain systems via dissipativity theory [J]. IET Control Theory & Applications，2011，5 (12)：1458-1469.

[92] UGRINOVSKII V. Distributed robust estimation over randomly switching networks using H_∞ consensus [J]. Automatica，2013，49 (1)：160-168.

[93] UGRINOVSKII V. Gain-scheduled synchronization of parameter varying systems via relative H_∞ consensus with application to synchronization of uncertain bilinear systems [J]. Automatica，2014，50 (11)：2880-2887.

[94] HAN F，SONG Y，ZHANG S J，et al. Local condition-based finite-horizon distributed H_∞ -consensus filtering for random parameter system with event-triggering protocols [J]. Neurocomputing，2017，219 (5)：221-231.

[95] LIU Y R，WANG Z D，YUAN Y，et al. Partial-nodes-based state estimation for complex networks with unbounded distributed delays [J]. IEEE Transactions on Neural Networks and Learning Systems，2018，29 (8)：3906-3912.

[96] LIU Y R，WANG Z D，YUAN Y，et al. Event-triggered partial-nodes-based state estimation for delayed complex networks with bounded distributed delays [J]. IEEE Transactions on Systems，Man，and Cybernetics：Systems，2019，49 (6)：1088-1098.

[97] HAN F，WANG Z D，DONG H L，et al. Partial-nodes-based scalable H_∞ -consensus filtering with censored measurements over sensor networks [J]. IEEE Transactions on Systems，Man，and Cybernetics：Systems，2021，51

(3): 1892-1903.

[98] CATTIVELLI F S, SAYED A H. Diffusion strategies for distributed Kalman filtering and smoothing [J]. IEEE Transactions on Automatic Control, 2010, 55 (9): 2069-2084.

[99] SIJS J, LAZAR M. A distributed Kalman filter with global covariance [C] // Proceedings of the 2011 American Control Conference, June 29-July 01, 2011, San Francisco. New York: IEEE, c2011: 4840-4845.

[100] KAR S, MOURA J M F. Gossip and distributed Kalman filtering: weak consensus under weak detectability [J]. IEEE Transactions on Signal Processing, 2011, 59 (4): 1766-1784.

[101] LI W Y, WANG Z D, HO D W C, et al. On boundedness of error covariances for Kalman consensus filtering problems [J]. IEEE Transactions on Automatic Control, 2020, 65 (6): 2654-2661.

[102] EDWARDS C, MENON P P. On distributed pinning observers for a network of dynamical systems [J]. IEEE Transactions on Automatic Control, 2016, 61 (12): 4081-4087.

[103] YU W W, WEN G H, LÜ J H, et al. Pinning observability in complex networks [J]. IET Control Theory & Applications, 2014, 8 (18): 2136-2144.

[104] WEI G L, LI W Y, DING D R, et al. Stability analysis of covariance intersection-based Kalman consensus filtering for time-varying systems [J]. IEEE Transactions on Systems, Man, and Cybernetics: Systems, 2020, 50 (11): 4611-4622.

[105] LI W Y, YANG F W, WEI G L. A novel observability Gramian-based fast covariance intersection rule [J]. IEEE Signal Processing Letters, 2018, 25 (10): 1570-1574.

[106] LI W Y, YANG F W, THIEL D V, et al. Minimal number of sensor nodes for distributed Kalman filtering [J]. IEEE Transactions on Systems, Man, and Cybernetics: Systems, 2022, 52 (3): 1778-1786.

[107] METCALF L, CASEY W. Cybersecurity and Applied Mathematics [M]. Amsterdam: Elsevier, 2016: 67-94.

[108] FIONDA V, PALOPOLI L. Biological network querying techniques: analysis and comparison [J]. Journal of computational biology: A journal of compu-

tational molecular cell biology, 2011, 18 (4): 595-625.

[109] DIRAC G A. Connectivity in graphs (mathematical expositions no. 15) [J]. Journal of the London Mathematical Society, 1968, s1-43 (1): 554-555.

[110] YU M, SHANG W P, CHEN Z G. Exponential synchronization for second-order nodes in complex dynamical network with communication time delays and switching topologies [J/OL]. Journal of Control Science and Engineering, 2017, 2017: 7836316.1-10 [2023-03-01]. https://downloads.hindawi.com/journals/jcse/2017/7836316.pdf.

[111] BOYD S, DIACONIS P, XIAO L. Fastest mixing Markov chain on a graph [J]. SIAM Review, 2004, 46 (4): 667-689.

[112] PINKUS A. Totally positive matrices [M]. Cambridge: Cambridge University Press, 2009.

[113] WOLFOWITZ J. Products of indecomposable, aperiodic, stochastic matrices [J]. Proceedings of The American Mathematical Society, 1963, 14 (5): 733-737.

[114] HAJNAL J, BARTLETT M S. Weak ergodicity in non-homogeneous Markov chains [J]. Mathematical Proceedings of the Cambridge Philosophical Society, 1958, 54 (2): 233-246.

[115] SHEN J. Proof of a conjecture about the exponent of primitive matrices [J]. Linear Algebra and its Applications, 1995, 216: 185-203.

[116] CALAFIORE G C, ABRATE F. Distributed linear estimation over sensor networks [J]. International Journal of Control, 2009, 82 (5): 868-882.

[117] HORN R A, JOHNSON C R. Matrix Analysis [M]. 2nd ed. Cambridge: Cambridge University Press, 2012.

[118] XIONG K, ZHANG H Y, CHAN C W. Performance evaluation of UKF-based nonlinear filtering [J]. Automatica, 2006, 42 (2): 261-270.

[119] REIF K, GUNTHER S, YAZ E, et al. Stochastic stability of the discrete-time extended Kalman filter [J]. IEEE Transactions on Automatic Control, 1999, 44 (4): 714-728.

[120] THEODOR Y, SHAKED U. Robust discrete-time minimum-variance filtering [J]. IEEE Transactions on Signal Processing, 1996, 44 (2): 181-189.

[121] CHEN Y, LÜ J H, HAN F L, et al. On the cluster consensus of discrete-

time multi-agent systems [J]. Systems & Control Letters, 2011, 60 (7): 517-523.

[122] KLUGE S, REIF K, BROKATE M. Stochastic stability of the extended Kalman filter with intermittent observations [J]. IEEE Transactions on Automatic Control, 2010, 55 (2): 514-518.

[123] WANG L C, WEI G L, LI W Y. Probability-dependent H_∞ synchronization control for dynamical networks with randomly varying nonlinearities [J]. Neurocomputing, 2014, 133: 369-376.

[124] HAN F, WEI G L, SONG Y, et al. Distributed H_∞-consensus filtering for piecewise discrete-time linear systems [J]. Journal of the Franklin Institute, 2015, 352 (5): 2029-2046.

[125] LI W Y, WEI G L, WANG L C. Probability-dependent static output feedback control for discrete-time nonlinear stochastic systems with missing measurements [J/OL]. Mathematical Problems in Engineering, 2012, 2012: 696742. 1-15 [2023-03-01]. https://downloads.hindawi.com/journals/mpe/2012/696742.pdf.

[126] SPALL J C. The Kantorovich inequality for error analysis of the Kalman filter with unknown noise distributions [J]. Automatica, 1995, 31 (10): 1513-1517.

[127] SIMON D. Optimal state estimation: Kalman, H_∞, and nonlinear approaches [M]. Hoboken: John Wiley & Sons, 2006.

[128] LI W Y, JIA Y M, DU J P. Distributed Kalman consensus filter with intermittent observations [J]. Journal of the Franklin Institute, 2015, 352 (9): 3764-3781.

[129] WANG S C, REN W. On the consistency and confidence of distributed dynamic state estimation in wireless sensor networks [C] // 2015 54th IEEE Conference on Decision and Control, December 15-18, 2015, Osaka. New York: IEEE, c2015: 3069-3074.

[130] GRANT M, BOYD S. CVX: Matlab software for disciplined convex programming, version 2.2 [EB/OL]. (2020-01) [2023-03-01] http://cvxr.com/cvx.

[131] BLONDEL V D, JUNGERS R M, OLSHEVSKY A. On primitivity of sets of matrices [J]. Automatica, 2015, 61: 80-88.

[132] GAO Y X, LI X R, SONG E. Robust linear estimation fusion with allowable unknown cross-covariance [J]. IEEE Transactions on Systems, Man, and Cybernetics: Systems, 2016, 46 (9): 1314-1325.
[133] LI W Y, WANG Z D, WEI G L, et al. A survey on multi-sensor fusion and consensus filtering for sensor networks [J/OL]. Discrete Dynamics in Nature and Society, 2015, 2015: 683701. 1-13 [2023-03-01]. https://downloads.hindawi.com/journals/ddns/2015/683701.pdf.
[134] STURM J F. Using SeDuMi 1.02, a Matlab toolbox for optimization over symmetric cones [J]. Optimization Methods and Software, 1999, 11 (1-4): 625-653.
[135] LOFBERG J. Pre- and post-processing sum-of-squares programs in practice [J]. IEEE Transactions on Automatic Control, 2009, 54 (5): 1007-1011.
[136] BABAALI M, EGERSTEDT M, KAMEN E W. A direct algebraic approach to observer design under switching measurement equations [J]. IEEE Transactions on Automatic Control, 2004, 49 (11): 2044-2049.
[137] LOFBERG J. YALMIP: a toolbox for modeling and optimization in MATLAB [C] // 2004 IEEE International Conference on Robotics and Automation, September 02-04, 2004, Taipei. New York: IEEE, c2004: 284-289.
[138] CHEN L J, ARAMBEL P O, MEHRA R K. Estimation under unknown correlation: covariance intersection revisited [J]. IEEE Transactions on Automatic Control, 2002, 47 (11): 1879-1882.
[139] CHEN B, HU G Q, HO D W C, et al. Distributed covariance intersection fusion estimation for cyber-physical systems with communication constraints [J]. IEEE Transactions on Automatic Control, 2016, 61 (12): 4020-4026.
[140] LI W L, JIA Y M. Distributed estimation for Markov jump systems via diffusion strategies [J]. IEEE Transactions on Aerospace and Electronic Systems, 2017, 53 (1): 448-460.
[141] LI W Y, WEI G L, DING D R, et al. A new look at boundedness of error covariance of Kalman filtering [J]. IEEE Transactions on Systems, Man, and Cybernetics: Systems, 2018, 48 (2): 309-314.
[142] JULIER S, UHLMANN J, DURRANT-WHYTE H F. A new method for the

nonlinear transformation of means and covariances in filters and estimators [J]. IEEE Transactions on Automatic Control, 2000, 45 (3): 477-482.

[143] LEFEBVRE T, BRUYNINCKX H, SCHULLER J D. Comment on "a new method for the nonlinear transformation of means and covariances in filters and estimators" [J]. IEEE Transactions on Automatic Control, 2002, 47 (8): 1408-1409.

[144] BATTISTELLI G, CHISCI L, MUGNAI G, et al. Consensus-based algorithms for distributed filtering [C] // 2012 IEEE 51st IEEE Conference on Decision and Control, December 10-13, 2012, Maui. New York: IEEE, c2012: 794-799.

[145] ABDELSALAM H A, ELDOSOUKY A, SRIVASTAVA A K. Enhancing distribution system resiliency with microgrids formation using weighted average consensus [J]. International Journal of Electrical Power and Energy Systems, 2022, 141 (Oct): 108161. 1-15.

[146] ABDELSALAM H A, SRIVASTAVA A K, ELDOSOUKY A. Blockchain-based privacy preserving and energy saving mechanism for electricity prosumers [J]. IEEE Transactions on Sustainable Energy, 2022, 13 (1): 302-314.

[147] DING D R, WANG Z D, SHEN B, et al. H_∞ state estimation for discrete-time complex networks with randomly occurring sensor saturations and randomly varying sensor delays [J]. IEEE Transactions on Neural Networks and Learning Systems, 2012, 23 (5): 725-736.

[148] DING D R, WANG Z D, HU J, et al. Dissipative control for state-saturated discrete time varying systems with randomly occurring nonlinearities and missing measurements [J]. International Journal of Control, 2013, 86 (4): 674-688.

[149] LI W Y, WEI G L, KARIMI H R, et al. Nonfragile gain-scheduled control for discrete-time stochastic systems with randomly occurring sensor saturations [J/OL]. Abstract and Applied Analysis, 2013, 2013: 629621. 1-10 [2023-03-01]. https://downloads.hindawi.com/journals/aaa/2013/629621.pdf.

[150] BATTISTELLI G, CHISCI L. Stability of consensus extended Kalman filter for distributed state estimation [J]. Automatica, 2016, 68: 169-178.

[151] GRANT M, BOYD S, YE Y Y. Cvx users'guide for cvx version 1.2 [EB/OL]. (2008-06-24) [2023-03-01] https://see.stanford.edu/materials/lsocoee364a/cvx_ usrguide.pdf.
[152] GRANT M, BOYD S, YE Y. Disciplined convex programming [M] // LIBERTI L, MACULAN N. Global optimization. Berlin: Springer, 2006: 155-210.
[153] 俞武扬. YALMIP 工具箱在运筹学实验教学中的应用 [J]. 实验室研究与探索, 2017, 36 (8): 274-278.